中华青少年科学文化博览丛书·科学技术卷 >>>

图说富于启迪的技术发明 >>>

中华青少年科学文化博览丛书·科学技术卷

图说

富于启迪的技术发明

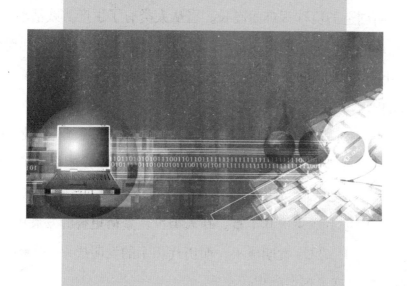

吉林出版集团有限责任公司 | 全面百家出版单位

前 言

古今中外，有多少改变生活、改变世界的发明推动了人类的发展进程。数不胜数。人类是在创造发明中发展前进的，一部社会发展史，在一定意义上说，就是一部人类的创造发明史。了解世界发明史，就是了解人类自身的进步历史，就是了解社会的发展过程。

人类的发明创造是社会发展的巨大动力。自古以来，人类用自己的聪明才智，改造自然，创造世界，为社会的前进与发展开辟了广阔的道路。在由愚昧走向文明的漫长历史进程中，人类正是靠发明创造实现着一个个美丽的梦想，由自然王国走向自由王国。

人类发明创造的历程艰难而漫长。自从人类有了生产实践活动，就开始了前仆后继的发明创造的历史进程。从古代社会、近代社会，到现代社会，伴随着历史的脚步和时代的变革，人类的发明创造活动已走过了几百万年的光辉历程。

人类的发明创造领域极其广阔。举凡衣、食、住、行，工业、农业，军事、经济，文化、艺术，总之是人类生活的各个方面，都为创造发明提供了广阔的天地。人类所到之处，都盛开着绚丽的智慧之花，结下了丰硕的文明之果。

人类的发明创造成果极其丰富。在人类世代繁衍更替的发展中，每一代人都为后人留下了许多发明成果。而历代相承的发明成果，积聚成为巨大的物质财富，造就了灿烂的现代文明。

正是由于人类创造发明历史的悠久、领域的广阔和成果的丰富，要在一本书中叙述全面是不可能的。因此，本书只是从人类发明创造的浩瀚海洋中，掬一捧美丽的浪花，呈献给亲爱的读者。

目 录

第1章 认知发明 ——改变世界的创造

第2章 文化经济类发明

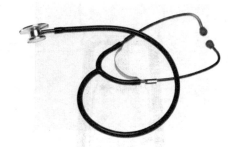

第3章 机械电子类发明

目 录

第4章

通讯交通类发明

第5章

实用的生活类发明

目 录

第6章

其他类发明

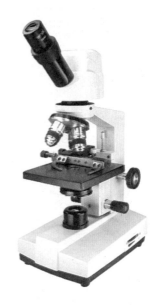

第 **1** 章

认知发明
——改变世界的创造

◎ 什么是发明
◎ 发明的分类
◎ 发明家的发明动力
◎ 发明的社会动力
◎ 发明家的素质

第1章 认知发明
—改变世界的创造

一、什么是发明

提到发明这个词，人们并不陌生，也一定会知道一些世界有名的发明家。

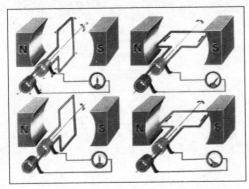

电线圈在磁场中的运动

例如，法拉第发现通电线圈在磁场里运动，并提出了电磁学说，发明了电动机。发现热空气上升的现象，人们发明了气球。发现了固体可以传导声音，发明了听诊器。爱迪生发现了人的视觉误差现象，发明了电影。根据爱迪生1883年发现的热电子发射效应，美国工程师弗来明1902年发明了电子管。19世纪末，居里夫妇发现铀和镭不断发出放射线，英国科学家卢瑟福发现放射线是在铀和镭原子中的原子核自然衰变时放出的，放射线高速命中某些原子核时，原子核就会发生核裂变，放出巨大能量。根据这些科学发现，1942年费米主持研制了世界上第一座核反应堆，1945年发明了原子弹，1951年建成世界上第一座核电站。

美国物理学家汤斯发现纯单色光具有极强的能量现象，1958年，他

留声机

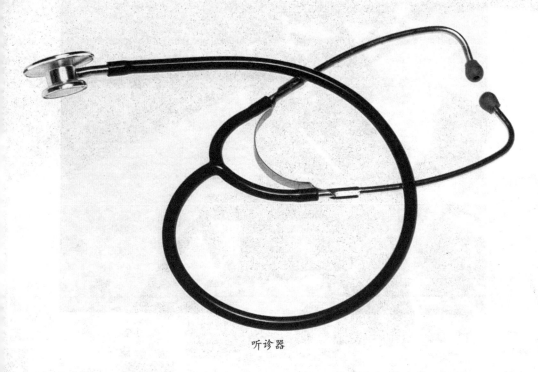

听诊器

发表了关于激光的理论，1960 年美国休斯研究所的梅曼博士经过 9 个月的奋斗，花了 5 万美元，发明了第一台激光器，发射的激光比太阳光强 1000 万倍。以后人们又发明了激光唱机、激光电影、激光手术刀等等。自然科学的重大发现带来了一系列的重大发明产生，这样的例子还有很多很多。所以科学工作者要重视世界自然科学前沿，密切关注自然科学的最新发现，这将会给发明带来许多重大课题。

那究竟什么是发明呢？世界各国的学者及各种辞典对发明有着不同的定义。大多数人认同的发明的准确定义如下：

人们为了满足社会需求，在已有技术的基础上，通过独立的思维活动和实验，产生前所未有的、实用的新产品和新方法。

这就是说，离开已有技术的思维是幻想，幻想是不能产生发明的。几千年来，嫦娥奔月的故事只能是神话，因为它脱离了已有技术的基础。

阿波罗登月工程把人类送上了月球，是因为它在已有技术的基础上，用组合的方法把多种已有技术组合在一起，产生了登月方法的发明。18世纪法国著名的科幻作家凡尔纳用丰富的想像力，在作品中描述了霓虹灯、坦克、潜水艇、直升机、电视机等，但上述产品他一项也发明不了。因为他的想像脱离了当时已有技术的基础。后来当已有技术具备了一定的条件，这些产品都被科学家和发明家所发明，并被人类广泛使用。由于发明是在已有技术的基础上产生的，所以人们掌握的已有技术知识越宽，他所能够做的发明范围也就越宽。

发明与发现有所不同

发明是原来没有的，通过发明家的劳动而产生的，发明的结果是产生了新的产品和新的方法。

发现是原来就固有的，新近被人们认识的自然科学现象和自然科学规律，发现是科学。例如1638年伽利略发现了自由落体定律，这一定律

坦克

是客观存在的,自然界不会因伽利略的比萨斜塔实验而改变自由落体的规律。

发明与其他技术也不同,别的技术是人们操作已有的设备和使用已有的技术方法。例如驾驶汽车、操作计算机、画图等。唯独发明是改变已有的产品和方法的技术。

没有发明,人类至今不能走出原始人的洞穴,所以发明是推动生产力发展的技术,是推动人类社会进步的技术。发明对于国家和民族的强大是至关重要的大事,国家的真正资源在于国民的发明创造能力。社会的最高经济效益取决于国民的发明创造能力,所以发明是每一个人都应该学习和掌握的技术。

知识卡片

想像力

想像力是人在已有形象的基础上,在头脑中创造出新形象的能力。比如当你说起汽车,我马上就想像出各种各样的汽车形象来就是这个道理。因此,想像一般是在掌握一定的知识面的基础上完成的。想像力是在你头脑中创造一个念头或思想画面的能力。

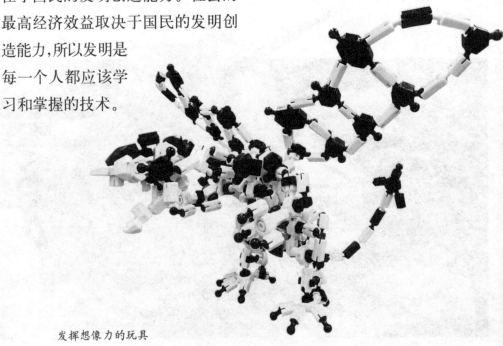

发挥想像力的玩具

二、发明的分类

第1章
认知发明
——改变世界的创造

学习发明的分类是为了了解发明的性质和形态,了解完成发明的方法,为发明实践打下基础。

按发明的性质分

按发明的性质分,可以分为开拓性发明和改进性发明。一种全新的技术方案,在技术史上未曾有过先例,为人类科学技术在某个时期的发展开创了新纪元,这种发明称为开拓性发明。例如1769年法国的卡诺发明汽车是开拓性发明,而以后陆续发明的各种形状、各种用途的卡车、客车、轿车、消防车、救护车等都是改进性发明。很显然,开拓性发明是价值大、水平高的发明。属于开拓性发明的还有:中国古代指南针、造纸术、活字印刷术和火药的发明,和蒸汽机、电动机、塑料、雷达、激光器的发明等等。属于改进性发明的则数不胜数,各国的专利公报上公开的发明项目绝大部分都是改进性发明。

司南

雷达

按发明形态分

按发明形态分，可以分为方法发明和产品发明。方法发明是指发明的是一种技术方法，例如活字印刷术是方法发明。产品发明是指发明的结果是一种产品。例如蒸汽机、汽车、电动机、收音机、电视机、CT扫描仪等的发明都是产品发明。而蔡伦造纸则既是方法发明，又是产品发明。

按专利法分

按专利法分，中国专利法所称的发明创造是指发明、实用新型和外观设计三种。专利法所称发明，是指对产品、方法或对原有产品和方法改进所提出的新的技术方案。所谓实用新型，是指对产品的形状、构造或者产品形状和结构结合所提

出的适于实用的新的技术方案。外观设计是指对产品的形状、图案或者产品形状和图案结合和色彩与形状，图案的结合所做的富有美感并适于工业应用的新设计。

按发明方法分

按发明的方法分，分为组合发明、要素变更发明、系统选择发明和转变用途发明。

组合发明：组合发明是指利用组合的方法产生的发明。就是把某些已知技术方案进行组合，构成一项新的技术解决方案，以解决现有技术客观存在的问题。例如，把蒸汽机与车

日光温室

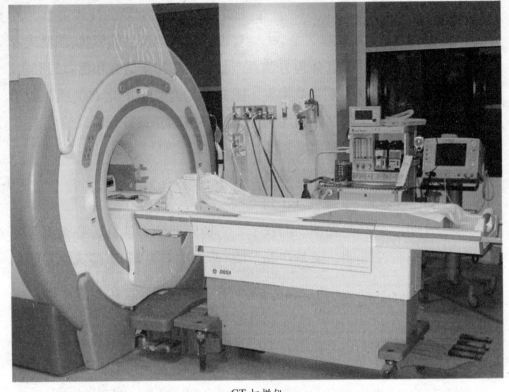

CT 扫描仪

组合发明了汽车；把滑翔机与内燃机组合，发明了飞机；把 X 射线照相装置与电子计算机组合发明了 CT 扫描仪，一位没有上过大学的普通技术工作者豪斯菲尔德因此获得了 1979 年的诺贝尔医学与生理学奖。组合发明是十分重要的发明，在现代发明成果中约有 6%～8% 的发明为组合发明。

要素发明：要素变更发明是指利用要素变更方法产生的发明。包括要素关系改变的发明、要素替代的发明、要素省略的发明和要素颠倒的发明。要素关系改变的发明是指发明与现有技术相比，他们的形状、尺寸、比例、位置和作用关系等有了变化。由于要素关系的改变，导致发明质量、功能和用途上的变化，从而产生了预料不到的技术效果，产生了新的发明。要素替代的发明是指已知产品或方法的某一要素由其他要素替代而产生的发明。

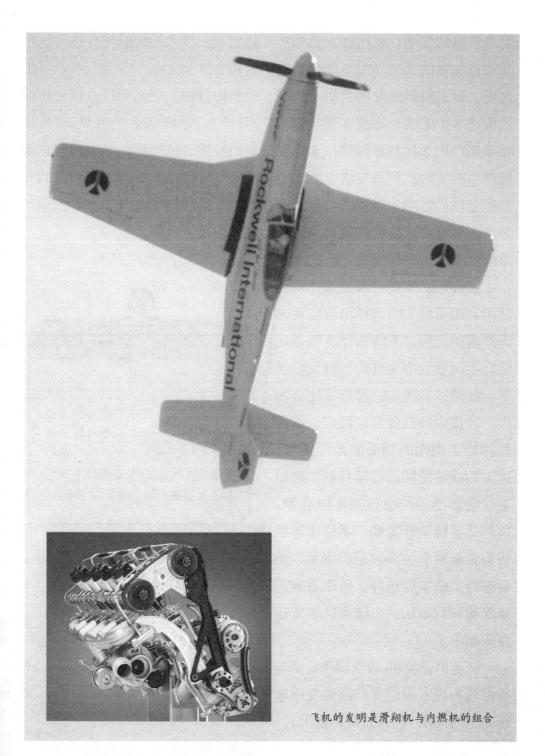

飞机的发明是滑翔机与内燃机的组合

要素省略的发明，是指省去已知产品或方法中的某一项或多项要素的发明。要素颠倒的发明是指已知产品或技术中的某一项或多项要素互相颠倒产生了预料不到的技术效果而产生的发明。利用要素变更进行发明是现代发明中常用的一种发明方法。要素变更发明在现代发明成果中占有很大的比例。

系统选择发明：系统选择发明是指利用系统实验选择出最佳要素而产生的发明。系统选择发明是化学和生物领域中常见的一种发明类型。如通过系统实验选出某化合物生产过程中的最佳反应温度，选出某种特定用途的物质的最佳组分，选出构成某发明的最佳材料，选出某生物新品种的最佳亲本组合等，这都是系统选择发明。系统选择发明通常要对有关要素进行列举，然后进行系统实验选择。所以系统选择发明和列举法、系统实验法是连在一起的。

转变用途发明:转变用途发明是指把已有技术或已有产品转变用途而产生的发明。它分为两种情况：一是把某一技术领域的现有技术转用到其他技术领域，二是把已有产品用于新的目的。产品和技术转变用途后,产生了预料不到的效果,产生了新的发明。例如把医学上的内窥镜技术转用到观察树木的虫害,是转变用途发明;把木材杀菌剂用作除草剂是转变用途发明。

知识卡片

专利

专利一词来源于拉丁语 Litteraepatentes，意为公开的信件或公共文献,是中世纪的君主用来颁布某种特权的证明,后来指英国国王亲自签署的独占权利证书。

三、发明家的发明动力

第**1**章
认知发明
——改变世界的创造

发明是促进人类社会进步的动力。那么什么是发明的动力呢？人们为什么要去从事发明劳动？研究发明的动力，是为了使人类社会产生更多的发明，也是为了使发明对人类社会的进步产生更大的促进作用。

社会需求是发明的基本动力。社会需求与发明家的发明劳动相结合便产生了发明。从中国古代的发明到现代对人类社会产生重大影响的发明无一不是社会需求和发明家辛勤劳动相结合的产物。

例如，1041年毕昇发明活字印刷术以前，人们采用的是雕版印刷，每一本书、每一部作品都要人工雕刻许多不同的版，制版劳动耗费巨大的劳力。社会需要一种方便简单的制版方法，以促进文化发展。毕昇以胶泥刻字，每字一印，以火烧使其坚固。

活字印刷

这样，不同的作品，以不同的活字拼组起来制成版，省去了大量的雕版劳动，活字印刷术发明了。

保温瓶的发明也是一个很好的例子。1892年，英格兰化学家杜瓦首次在20.4K温度下成功地使压缩氢气变成了液体。但当时世界上没有能长时间保持恒温的容器，要保存液态氢，就得让制冷机不停地运转，这太不经济。制造恒温容器就是迫切需求。于是杜瓦设计了涂银的双层玻璃瓶，两层之间被抽成真空，并盖有绝热性能良好的塞子。玻璃瓶镀银，是为了防止热辐射，并把热反射回去，双层玻璃瓶则可阻断热的传导，真空可以防止热对流，这样就能较长时间地保持瓶内温度。1893年1月20日杜瓦宣布他的这项发明，当时叫做低温恒温器，后来人们用来盛放热水，热水瓶就这样发明了。

既然发明是由社会需求和发明家的劳动两个因素形成的，那么发明家的发明动力是什么呢？

奉献精神

为人类社会的进步、为科学技术的发展而贡献力量，是发明家从事发明劳动的巨大精神力量和永不衰竭的力量源泉。没有为人类奉献的高

保温瓶

尚情操,发明家不可能做出对人类有价值的发明,也不可能克服发明过程中的种种困难完成发明目标。造纸术的发明人蔡伦是太监,如果是为了给子孙后代谋利益,则发明造纸术是不可能的。杂交水稻之父袁隆平为了发明三系法杂交水稻制种技术,长时期在田间劳动,头上有炎热的太阳,脚下有烫人的水田,历经多年的辛苦,才发明了三系法杂交水稻制种技术,使人类粮食产量得到提高。如此长期的艰苦劳动,是为了解决人类粮食问题,而不是为了发明家个人吃饭问题。为人类奉献的精神,是他做出巨大贡献的力量源泉。而发明牛痘接种法的英国发明家詹纳,在想到自己从事的发明活动将使人类不再受到天花的威胁时说:我想到我命里注定要使世界从一种最大的灾难中解脱出来时,我感到一种巨大的快乐……"这些例子足以说明,为人类奉献力量是发明家的强大精神动力,是

杂交水稻

发明家取之不尽的精神源泉。要想成为发明家，你要培养奉献精神，尤其是在青少年时期培养这种精神。

探索未知精神

探索未知精神往往是和人的兴趣、怀疑精神连在一起的。人们不断地探索周围事物中的不合理之处，不断地去研究它、解决它，就会做出许多重大的发明。1712 年英国工程师纽可门研制成第一台常压蒸汽机，这种蒸汽机热效率低。瓦特不断地探索研究为什么纽可门蒸汽机热效率低的原因，终于发明了划时代的高效率蒸汽机，带来了人类历史上的第一次技术革命，为人类的进步做出了不可磨灭的贡献。

火药的发明也是由我国古代炼丹家探索未知的精神发明的，古代炼丹家们为了寻求长生不老药，把各种物质放在一起用火来炒，有时产生了

火药

中国古代的火箭

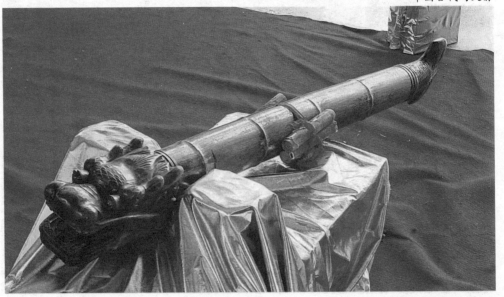

强烈的火焰和爆炸;炼丹家们为了保护自身的安全,就不断地探索研究是哪些物质、什么样的比例放在一起会发生爆炸,逐渐总结出了产生爆炸的物质的配方,就这样发明了火药。火药传到了军事家的手中,由于战争的需要身价百倍,引起惊天动地的大变化。从平常事物中的失败、不合理处或缺点处去探索未知,就会做出新发明。所以培养探索未知的精神是培养造就发明家的重要方法。

火箭弓弩

压力激发

所谓压力,是指自然、社会、经济等各方面对人们的某种压迫感和心理冲击。人的发明动力和能力只有在各种主客观要素构成的压力场内,才能真正被激发出来。自然界奥妙无穷,每时每刻都在给人类施加各种各样的压力。水灾、火灾、风灾、旱灾、地震的发生,环境的污染,资源和能源的严重短缺,自然界生态的不平衡等给人类的生存带来了压力,发明家们以自己的聪明才智做出各种发明来与自然力相抗衡。

再如能源短缺的压力,使发明家发明了种种利用自然能的技术和设备,如:风力发电机、太阳能热水器、太阳能烘箱、太阳能空调器、太阳能汽车和地热发电机组,等等。

人们会遇到种种的困难和压力,变压力为动力,发明家往往会做出惊人的发明,这样的例子很多。

物质动力

毫无疑问，发明家的发明动力主要是精神动力，但是人在社会中生活，离不开一定的物质条件。对于发明家来说，除了生存条件外，还需要原材料、实验费用、专利费用等，往往这些费用比生活费用多得多。这就是一些发明家生活艰苦，甚至穷困潦倒的原因。物质条件的艰苦、经济的压力反而给发明家带来更大的动力，使他们更加努力去完成发明，开发发明产品，最终使发明家获得了巨大的财富。无论在中国还是在世界上，这样的例子都还有很多。

知识卡片

火药

火药是一种黑色或棕色的炸药，由硝酸钾、木炭和硫磺机械混合而成，最初均制成粉末状，以后一般制成大小不同的颗粒状，可供不同用途之需，在采用无烟火药以前，一直用作唯一的军用发射药。

火药烟花

四、发明的社会动力

社会需求

社会需求是发明的基本动力。人类历史上的重大发明无一不是社会需求推动的结果。中国古代的四大发明是如此，近代的蒸汽机、电动机、汽车、轮船、火车是如此，现代的计算机、核发电、机器人的发明也是如此。文化发展的需求推动了造纸术和活字印刷术的发明；古代战争的需求使炼丹家失败的发明变成了军事上的重要武器；现代科技发展的需要，推动产生了人造卫星、宇宙飞船、航天飞机的发明。社会需求对发明课题的提出，提供了明确的目标；同时也为发明的完成和应用提供了前进路标；社会需求对发明的经济价值、社会价值和环境价值提供了明确的要求。这些都对发明起了巨大的推动作用。研究社会需求，就会有源源不断的发明课题。

技术演变论

发明从本质上属于技术的范畴，必然与技术结构中的矛盾运动密切相关。技术结构是由信息、材料、能

大卡车

源三大要素构成的整体。古代冶炼技术的发明,使各类坚硬工具的发明成为可能。过多过快过大的工具的发明和制造应用, 日益造成能源紧缺,从而推动着能源技术革命,带来蒸汽机、电动机、核能的发明和应用。生产日益发展,信息量越来越多,于是自动控制技术产生了,以计算机为主要标志的信息时代到来了。技术结构中矛盾永不休止,推动了发明的不断产生。

科学推动论

科学研究对技术发明有着推动作用, 是发明的又一动力。牛顿力学、热学和分子物理学的发展对蒸汽动力技术的发明和应用起着推动作用,法拉第和麦克斯韦的电磁学理论对电技术的发明和应用起着推动作用,控制论、信息论和微观物理学的发展对电子计算机技术的发明和应用起着推动作用。几乎所有的发明都离不开科学的力量和基础研究的突破,所以有扎实理论的科技专家,要密切注意科学的发展,注意新的自然科学规律和自然科学发现。研究它们,就可以做出重大发明。

法拉第画像

知识卡片

力学

力学是独立的一门基础学科,主要研究能量和力以及它们与固体、液体及气体的平衡、变形或运动的关系。力学可粗分为静力学、运动学和动力学三部分,静力学研究力的平衡或物体的静止问题;运动学只考虑物体怎样运动,不讨论它与所受力的关系;动力学讨论物体运动和所受力的关系。

五、发明家的素质

世界最伟大的发明家爱迪生说过：发明是 1% 的灵感加上 99% 的汗水。这是说发明是一个十分艰苦的劳动过程，也就是说发明家是不畏艰苦、勤奋劳动的人。伟大的科学家爱因斯坦说过：热爱是最好的老师。使学习效率最高的办法是对事业的热爱。你要学会发明学，成为发明家，你就要热爱发明，才能有所成就。而要热爱，就必须有为人类社会奉献的精神。上一章里我们曾说过：人人可以成为发明家，但是发明成果不是轻而易举取得的，必须具备一些基本的素质才能完成发明成果，才能成为受人尊敬的发明家。认真总结一下许多发明家为什么能够做出对人类有重大贡献的发明，就可以看到他们都具备一些共同的素质。

爱迪生

为人类服务的奉献精神

发明家要树立正确的人生观、世界观，树立为人类奉献的思想，掌握辩证唯物主义的方法。没有为人类奉献的思想境界，就无法选择对人类有重大价值的发明课题；没有为人类奉献的精神，就无法克服发明过程中的困难。只有具有为人类奉献的精神，他才可能选择对人类有重大价值的发明课题。许许多多的科技工作者，基础扎实，技术经验丰富，胸怀天下，一生做出了许多具有重大意义和价值的发明，这和他们有为人类奉献的宽广胸怀有关。一项发明成果从产生课题到完成发明，往往要经过很长时间的艰苦劳动，几个月、几年，甚至几十年的思维、实验，经历几次、几十次、几百次，甚至上万次的实验和失败才能完成。德国化学家哈柏在1904－1910年间进行了两万多次实验，选用不同的压强、温度和催化剂，终于发明了人工合成氨。经过几百次实验才完成的发明多得很。有的发明产品就以实验的次数来冠名。这么长的时间，这么多的劳动，所耗费的体力、精力、财力可想而知，没有强大的精神支柱是不可能坚持下去的。在发明过程中，特别是遇到困难时，如果想到眼前的个人利益就会动摇，就会使发明事业半途而废。为人类奉献是克服困难，完成发明的巨大精神力量。伟大的发明家爱迪生为人类作出了巨大贡献，值得后人永志不忘。他认为满足人类的需求就是他的工作目标。他的座右铭是：我探求人类需要什么，然后我就迈步向前，努力去把它发明出来。"爱迪生具有为人类奉献的精神，所以，他才能为人类做出许多有重大意义的发明。

诺贝尔

勤奋学习，具有广博的知识

发明家从事的发明劳动是前人没有的，没有广博的知识是无法完成的。既需要有理论知识，又需要有实践知识。在同样的环境下，为什么有的人能发现发明课题，有的人就不能发现发明课题呢？这就和人的知识结构有关。发明课题产生以后，知识面宽的人，可以比较容易地采用组合、要素变更、转变用途，或选择合适条件等手段来解决发明过程中的技术问题。知识面窄，思路就会受到限制，需要更长时间的苦思冥想，或反复实验,才能完成。有时一个发明难题,很长时间不能解决,经过专家的提示,就会豁然开朗,难题很快解决,这就是知识的作用。一个人知识面越宽,能够选择和发现的发明课题就越多,选择的发明课题也越有价值,越容易解决发明过程中存在的技术难题。当然这里所指的知识既包括理论知识,也包括实践知识。所以发明家应是一个虚心好学的人,一个努力使自己知识面宽的人。

具有敢于质疑的精神,有顽强的探索未知的愿望

发明家和普通人的区别是什么?就是普通人认为一切都是合理的,而发明家认为一切产品都有不合理之处。普通人认为,从早晨起床后,我们穿的衣服、鞋子,上班骑的自行车、乘坐的汽车,使用的办公用品,直到晚上睡觉用的枕头、被子等等都是合理的,给我们带来了方便,给生活带来了幸福。但是发明家认为不合理的东西太多,于是不用纽扣的衣服,胖瘦都可以穿的膨体衫,用闪光衣料做成的、不同角度显现出不同花色的衣服,冰天雪地可以发热的棉衣、棉鞋,水泥地面能滑冰的滚轮溜冰鞋,儿童走路发光、发声音的鞋等等都出现了;可以折叠的自行车、可以测距离的自行车、抽水自行车等出现了;传真机、复印机、电视机发明了;晚上睡觉防治失眠的枕头发明了,治疗关节炎的被子发明了,等等。正是发明家具有敢于质疑的

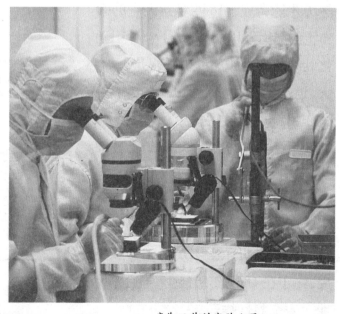

辛勤工作的实验人员

精神、探索的精神给我们这个世界增添了更多的色彩，使人类生活更美好、更幸福。社会不断地发展，人们的需求也不断发展变化。因此，只要你用质疑的目光去看，从你身边的事物、从日常产品中找寻不合理之处，你就会永远有做不完的发明课题。

有长期思考一个技术问题的习惯

一个发明课题的产生，往往需要解决一系列的技术难题，所以需要很长时间才能完成，有时需要几代人的努力才能完成。1846年意大利的索布雷洛(1812-1888)发明了一种叫硝化甘油的液体炸药，这种炸药威力很大，但是硝化甘油受到振动、热或机械作用就可能发生爆炸，十分危险。1850年，诺贝尔家开始对硝化甘油炸药进行研究。1864年9月3日实验室发生爆炸，诺贝尔的弟弟和4名工人死亡，他因当时不在场得以幸免。但是诺贝尔毫不灰心，继续研究，终于在1867年历经17年后才发明了安全烈性炸药。

几乎世界上每一项发明都要经过发明家长时间的劳动，所以发明家需要有长期思考研究一个技术问题的习惯。当他一有空闲时，脑子里就会出现那个发明课题，长期的努力才能解决发明难题。

硝化甘油

知识卡片

课题

所谓课题，就是指我们要研究、解决的问题，所以课题背景就是指该问题是在什么情况或条件下产生的，课题研究有什么意义，等等。

第 **2** 章

文化经济类发明

一、文字

第2章

文化经济类发明

古文字

　　人类社会的文化与文明，严格意义上是从文字诞生开始的。文字是记录和传播语言的书写符号系统，是扩大语言在时间和空间上的交际功能的文化工具。

　　文字是社会发展到一定阶段的产物，对人类文明的发展起了很大的促进作用。

　　首先，文字起源于图画。世界上所有的资源文字都起源于图画，也就是文字画。由文字画到图画文字，质的转变就在于浑然一体的图画逐步变成了与语言中的词相对应的独立的表意符号。当这些表意符号借助假借的手段，能够完整地按语言中词的顺序去记录实词和虚词的时候，成熟的文字体系就诞生了。古埃及的圣书字、古代苏美尔人的楔形文字，和中国商代的甲骨文，都是起源

古埃及文字

包装标志

于图画的古老文字体系。

其次,文字是记录和传播语言的符号系统。这就是说,语言是第一性,而文字是第二性的。语言是一种符号,文字就是这种符号系统的符号系统,文字首要的存在理由就在于记录和传播语言,使语言克服空间和时间的局限,流传异地、流传久远。

最后,文字既表音又表意。也就是说,可以见形知义。

说汉字可以不通过记录语言而直接表示观念,似乎是在褒扬汉字,共实恰恰是在贬低汉字。因为只有文字画或者一般的符号,才是不通过语言而直接表示概念的。例如,在包装箱上画一支高脚杯或画一把雨伞表示物品易碎或防止雨淋,在瓶子上画一个骷髅或两根交叉的骨头表示瓶子里装的是有毒物品。这些一目了然的符号,哪国人看了都会明白,即使是一字不识的人看了也明白是什么意思。

知识卡片

语言

语言是人类最重要的交际工具,是人们进行沟通交流的各种表达符号。人们借助语言保存和传递人类文明的成果。语言是民族的重要特征之一。

甲骨文

二、历法

第2章
文化经济类发明

人类在长期的生产活动中，通过精密的观察、记录，渐渐总结了春夏秋冬的更替、日月星辰的运行等自然规律，并在此基础上进行整理，创造出了历法。但由于当时科技水平的限制，不同的时期产生了不同的历法。但总体而言，历法不外乎阴历、阳历、阴阳历三种。

古时以日为阳，以月为阴。阴历就是按月亮的运行周期来安排的历法。所有的早期历法都是基于月亮周期创造出来的。大约在公元前4236年，埃及的星象术士根据日月星辰的变化和尼罗河洪水泛滥的规律，设计出了一种包含一整年的历法。这套历法分为三个季节，每个季节四个月，每月30天，年末多加5天，全年一共365天。

最早把一天划分为24个单元的也是埃及人。不过，在当时，这24个

月相的周期变化

单元并不具有相同的时间长度。白天和夜晚的计时单元是根据季节的变化而变化的。

阳历又称为太阳历，以地球绕太阳的运行规律为根据。公元前46年，罗马的儒勒·恺撒参考了古埃及的太阳历，把罗马的太阴历加以改变。他规定365又四分之一日为一年，平年365日，四年一闰，闰年366日；每年分为12个月，单月31日，双月30日，平年的2月为29日，闰年的2月为30日。现在通行的公历，就是在儒勒·恺撒太阳历的基础上，经过重重改革，渐渐演变而成的。

公历纪元把传说中的耶稣诞生年定为公元元年。公元又称西元，常以A.D.（拉丁语的缩写，原意是主的生年）表示。公元前以B.C.表示，也是拉丁语的缩写，原意是耶稣（诞生）之前。到了今日，公历以它的算法简单、记录方便等优势，被世界上大多数国家作为官方历法，已成为国际通行的历法体系。

阴阳历则是兼顾阴历和阳历的一种历法。我国的旧历就是阴阳历的一种，它既重视月亮盈亏的变化，又照顾寒暑节气，年、月长度都依据天象而定。

商代的历法规定大月为30天，小月为29天，闰月置于年末或年中。到了周代，历法得到进一步发展，是一个周期有366天，通过增插闰月来确定四季，从而成为一年。这就说明了当时是阴、阳历并用的。

汉武帝时编写的新历规定了365又四分之一天为一年，精确度与罗马的儒勒历相同，但比它早了50多年。汉武帝下令改元封七年为太初元年，施行新历，它就是我国历史上有名的《太初历》，也是我国史志所记载的最早最完整的历法。

知识卡片

闰月

闰月是一种历法置闰方式。在亚洲（尤其在中国），闰月特指农历每逢闰年增加的一个月（为了协调回归年与农历年的矛盾，防止农历年月与回归年及四季脱节，每2～3年置1闰，19年置7闰）。

第2章 文化经济类发明 三、造纸术

造纸术是我国古代四大发明之一。早在 1800 多年前,造纸术的发明者蔡伦即使用树肤(树皮)、麻头(麻屑)、敝布(破布)、破鱼网等为原料制成"蔡侯纸",在公元 105 年献给东汉和帝,受到高度赞扬。造纸术的发明对中国和世界文明进步做出了巨大贡献。

造纸术的传播

造纸术在我国由发明而发展,遍布全国。到 7 世纪初期(隋末唐初)开始东传至朝鲜、日本;8 世纪西传入撒马尔罕,就是后来的阿拉伯,接着又传入巴格达;10 世纪传到大马士革、开罗;11 世纪传入摩洛哥;13 世纪传入印度;14 世纪到达意大

现代造纸

利,意大利很多城市都建了造纸厂,成为欧洲造纸术传播的重要基地,从那里再传到德国、英国;16 世纪传入俄国、荷兰;17 世纪传到英国;19 世纪传入加拿大。

造纸术对文化传播的重大影响

造纸术是中国古代最伟大的发明之一,也是人类文明史上的一项杰出成就。造纸术的伟大之处,首先在于纸张作为人类文化载体的重大作用。造纸术发明之后,纸张便以新的姿态进入社会文化生活之中,并逐步在中国大地传播开来,后又传到海外。这是书籍材料的伟大变革,在人类文明史上具有划时代的意义。造纸术的发明大大提高了纸张的质量和生产效率,扩大了纸的原料来源,降低了纸的成本,为文化的传播创造了有利条件。

随着考古科学的不断深入,历史史册一页页被打乱,当然,蔡伦造纸术这一说法也被人质疑。20 世纪以来的考古发掘实践动摇了蔡伦发明造纸术的说法:1933 年新疆罗布淖

尔汉烽燧遗址中出土了公元前 1 世纪的西汉麻纸,比蔡伦早了一个多世纪;1957 年西安市东郊的灞桥再次出土了公元前 2 世纪的西汉初期古纸;1973 年在甘肃省居延的汉代金关遗址,1978 年在陕西省扶风中颜村的汉代窖藏中,也分别出土了西汉时的麻纸。更值得指出的是,1986 年甘肃天水市附近的放马滩古墓葬中出土了西汉初文帝、景帝时期(前 179 ~ 前 141 年) 绘有地图的麻纸,这是目前发现的世界上最早的植物纤维纸。

知识卡片

麻纸

麻纸是中国古代图书典籍的用纸之一,是一种大部分以黄麻、布头为主原料生产的强韧纸张。

麻纸

四、印刷术

第2章
文化经济类发明

　　泥活字印刷术是中国古代的四大发明之一。在印刷术发明以前，书籍的流传全靠手抄。后来，人们从刻印章中得到启发，发明了雕版印刷术。不过它的缺点也很明显，一是刻版费时费力，二是大量的书版存放不方便，三是出现错别字无法更改。

　　到了 11 世纪中叶，毕□发明了泥活字印刷术。他用胶泥做成一个一个的四方长柱体，在一面刻上阳文反字，再把它烧硬，就成了单个的活字。然后按照书稿把单字挑出来，依序排在字盘内，就可以涂墨印刷了。等到印完后，把活字模一个一个取出来，等到下次印书稿的时候，又可以使用。这种印刷方法比雕整块的木板快得多，万一发现错字，要修改也很方便。

　　18 世纪，手工操作的印刷方法已经满足不了人们的需要了。1845

现代印刷机设备

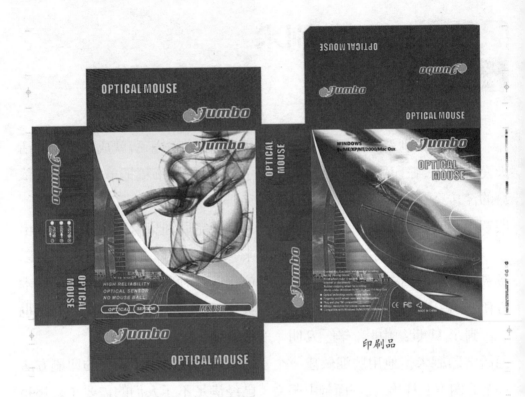

印刷品

年,第一台快速印刷机在德国诞生,大约经过一个世纪,各工业发达国家都相继完成了印刷工业的机械化。

从 20 世纪 50 年代开始,电子技术、激光技术在印刷工业中的广泛应用标志着印刷业进入了现代化的发展阶段。

20 世纪 90 年代,彩色桌面出版系统的推出,表明计算机全面进入印刷领域。

中国的活字印刷术,为人类文明的传播与继承提供了物质基础,是人类近代文明的先导,对人类文明的发展影响极为深远。

知识卡片

激光

激光是 20 世纪 60 年代的新光源。由于激光具有方向性好、亮度高、单色性好等特点而得到广泛应用.激光加工是激光应用最有发展前途的领域之一,现在已开发出 20 多种激光加工技术。

五、算盘

算盘是中国人在长期使用算筹的基础上发明的。古时候，人们用小木棍进行计算，这些小木棍就叫做"算筹"，用算筹作为工具进行的计算叫"筹算"。后来，随着社会的发展，用小木棍进行计算远远不能满足人们生产生活的需要。于是，人们又发明了更先进的计算工具——算盘。

东汉末年，徐岳在《数术记遗》中记载，他的老师刘洪访问隐士天目先生时，天目先生解释了十四种计算方法，其中一种就是珠算，它采用的计算工具很接近现代的算盘。这种算盘每位有五颗可拨动的算珠，上面一颗相当于5，下面四颗每颗当做1。这种用算盘计算的方法就叫珠算。

传说，算盘是由黄帝的部下隶首发明的。

黄帝统一部落后，臣民们整天打鱼狩猎，制衣冠，造舟车，生产蒸蒸日上，财物越来越多，算账、管账成为每家每户经常碰到的事。一开始人们用结绳记事、刻木为号的办法，处理

算盘

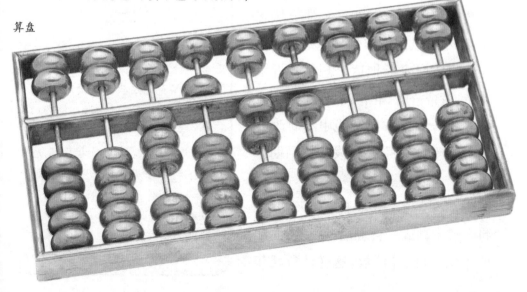

日常算账问题。有一次,猎手交回七只山羊,保管者只承认收了一只,猎手一查实物,确实是七只。原来保管者把七听成一,在草绳上只打了一个

算盘

结。又有一次,黄帝的孙女领到九张虎皮,却只在草绳上打了六个结,结果少了三张。像这样出出进进的实物数目越来越乱,虚报冒领的事也经常发生。黄帝对此大为恼火。

一次,隶首上山摘山桃吃,吃完后数着桃核玩。数的时候,他突然想到:可不可以用桃核代替绳结来记数呢?隶首回去后把这个想法告诉了黄帝,黄帝一听,非常高兴,于是命他掌管账务。隶首在实践中不断改进用来计数的东西,终于发明了早期的"算盘"。他收集了许多白珍珠,给每一颗都打上孔,用绳子穿起来计数,每穿够十颗或一百颗后,就在上面标明十位、百位等位数,这样计数就非常方便了。

传说归传说,关于算盘的来历,最早可以追溯到公元前600年,据说当时我国就有了"算板"。古人把十个算珠串成一组,一组组排列好,放入框内,然后拨动算珠进行计算。

随着算盘的使用,人们总结出许多计算口诀,进一步加快了计算的速度。

由于珠算口诀便于记忆,运用又简单方便,后来被陆续传到了日本、朝鲜、印度、美国、东南亚等国家和地区,对世界文明的发展作出了重要贡献。

知识卡片

珠算

珠算是以算盘为工具进行数字计算的一种方法。"珠算"一词,最早见于汉代徐岳撰的《数术记遗》,其中有云:"珠算,控带四时,经纬三才。"北周甄鸾为此作注,大意是把木板刻为三部分,上下两部分是停游珠用的,中间一部分是作定位用的。每位各有五颗珠,上面一颗珠与下面四颗珠用颜色来区别。上面一珠当五,下面四颗,每珠当一。

机械电子类发明

第**3**章 机械电子类发明

一、龙骨水车

龙骨水车在古代叫做"翻车""踏车""水车",因车身上的一节节木链像龙的脊骨而得名。龙骨水车是一种非常实用的排水灌溉工具,在我国的一些偏远山区,至今还能找到它的身影。

水车

龙骨水车是由木链、水槽和行道板组成的。它的车身用木板做成一个槽,槽中安装一条行道板,在槽板两端又安装上大小轮轴。行道板用龙骨板叶一节一节连接起来,就像龙的骨架一样。在水车上端大轴的两端,各带四根拐木,安置在岸上木架之间。操作的时候人手扶住木架,用脚踏动拐木,像蹬自行车一样,龙骨板随之转动循环,行道板就可以把水刮上岸了。

龙骨水车适合近距离灌溉使用,提水高度在一到两米,比较适合平原地区使用,或者作为灌溉工程的辅助设施从输水渠上直接向农田提水。它提水时,一般安放在河边,下端水槽和刮板直伸水下,利用链轮传动原理,以人力(或畜力)为动力带动木链周而复始地翻转,装在木链上的刮板就能把河水提升到岸上,进行农田灌溉。

龙骨水车由于结构合理、可靠实用,所以被一代代流传下来。直到近代,随着农用水泵的普遍使用,它才退出历史舞台。

知识卡片

水槽

用于排水法收集气体,或用来盛大量水的仪器,不可加热。用在高锰酸钾催化分解过氧化氢制取氧气的实验设备中。

二、地动仪

世界上最早的地动仪是我国古代科学家张衡在东汉时期发明的。它的出现开启了人类对地震科学的研究。

东汉时代，地震十分频繁。地震引起江河泛滥、房屋倒塌，给当地和周边的人们造成了巨大的损失。为了掌握全国地震动态，当时任太史令的张衡细心地研究了记录下来的地震现象，经过长年的试验，终于在阳嘉元年(132)发明了候风地动仪。它用青铜制成，像一个酒坛子，上面的圆盖向上隆起。仪器外表刻有篆文和山、龟、鸟、兽等图案，内部中央有一根铜柱，柱旁有八条通道，还有精密的机关。仪体外部周围有八条龙，按东、南、西、北、东南、东北、西南、西北八个方向排列。龙头和内部通道中的发动机关相连，每个龙头嘴里都含着一颗小铜球。八只张大嘴巴的蛤蟆蹲在地上，个个昂着头正对龙头，准备承接铜球。如果某个地方发

张衡铜像

生了地震，仪器就会感应到，并且触动机关，对着发生地震方向的龙头就会吐出铜球，落到蛤蟆的嘴里，发出很大的声响。由此人们就可以知道大概是什么地方发生了地震。

但是，地动仪制成后，人们对它的效用将信将疑。直到汉顺帝永和

三年 (138) 二月初三，仪器正对西方的龙嘴吐出了铜球，这表明洛阳以西的方向发生了地震。但当时洛阳却

张衡地动仪模型

没有丝毫震感。于是有人开始议论纷纷，认为地动仪不过是骗人的玩意。但没过几天，就有快马来报，说洛阳以西一千多里的陇西发生了强烈地震。人们这才对张衡的高超技术心悦诚服。地动仪的神妙被迅速传述开来。

需要指出的是，候风地动仪只能用作遥测地震发生的方向，并不能起到预测地震的作用。

尽管如此，候风地动仪的问世还是开创了人类对地震研究的先河。在通信不发达的古代，候风地动仪为人们在地震后及时知道发生了地震和确定地震的大体位置起到了一定的作用。它是人类发明史上的重要成果之一，也是我们中华民族对世界物质文明作出的又一重大贡献。

知识卡片

仪器

仪器指科学技术上用于实验、计量、观测、检验、绘图等的器具或装置。通常是为某一特定用途所准备的一套装置或机器。仪器通常用于科学研究或技术测量、工业自动化过程控制、生产等用途，一般来说专用于一个目的的设备或装置。

三、避雷针

早在古代，中国就已经有了避雷针。这种避雷针设置在屋脊两头，形状是一个仰起的龙头，龙口吐出的曲折的金属舌头伸向天空，舌根联结一根细的铁丝，直通地下。若雷电击中了屋宇，电流就会从龙舌沿铁丝行至地底，避免建筑物被击毁。中国古代建筑上的这种避雷装置在结构上已和现代避雷针很接近了。

现代避雷针是由美国科学家富兰克林发明的。1752 年 7 月的一个雷雨天，富兰克林冒着被雷击的危险，把一个系着长长金属导线的风筝放飞进入雷雨云层中，金属线末端系着一串金属钥匙。雷电发生时，富兰克林用手接触钥匙，钥匙上迸出了一串电火花，他的手感到有点麻木。他急忙把这些电荷收集到了一个特殊的瓶子里。后来的实验证明，这种电荷和摩擦产生的电荷是一样的。于是，他有了一个想法：既然人工产生的电能被尖端吸收，那么，闪电应该

也能被尖端吸收。由此，他设想，如果能在较高的物体上安置一种尖端装置，就有可能把雷电引入地下。

富兰克林把一根金属棒固定在一座高大建筑物的顶端，金属棒与建筑物之间用绝缘体隔开，然后用一根导线与金属棒底端连接，再把导线与

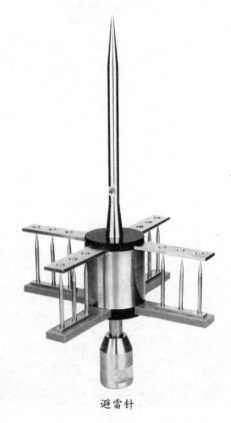

避雷针

避雷塔

大地相连。这样，打雷闪电时天空中产生的大量电荷就可以通过金属棒流入地下。富兰克林把这种避雷装置称为避雷针。

此后，许多科学家都开始深入研究电的原理，并且试图改进富兰克林的避雷针。1830年，英国科学家威廉·哈里斯发明了一种有效的船用避雷针，这种避雷针也得到了广泛的应用。1836年，英国科学家法拉第发明了一种静电屏蔽装置，这种装置可以帮助人们克服电场的负面影响。1916年，美国科学家特斯拉又改进了避雷针，他的研究使得人们开始研究避雷针和避雷针附近空气的电离作用，促成了消雷器的诞生。

由于雷电对很多电子设备的正常运行都会造成影响，传统避雷针和消雷器目前在这方面起到的作用仍然有限。每年因雷电造成的全

闪电

安有消雷器的建筑

球经济损失仍然非常大，人类亟须继续开发出更新、更有效的防雷设备来彻底解决这一问题。

避雷针最初在推广应用时，教会曾把它视为一种不祥之物，说是装上了富兰克林的这种东西，不但不能避雷，反而会引起上帝的震怒而遭到雷击。但是，在费城等地，拒绝安置避雷针的一些高大教堂在雷雨天气中相继遭受雷击，而那些比教堂更高的建筑物由于装上了避雷针，在雷雨天气中便安然无恙。

知识卡片

消雷器

这是一种防雷装置。由设置在被保护物上方、带有很多尖端电极的电离装置，设置在地表层内的地电流收集装置和接通这两种装置的连接线构成。电离装置在雷云强电场中大致保持着大地电位，它和附近空气的电位差会随雷云电场强度激增而促使场强区内针尖附近的空气电离，形成大量空间电荷。一般雷云下层为负电荷，地面感应产生正电荷。电离的负电荷为地电流收集装置所吸收，电离的正电荷为雷云负电荷所吸引和中和，从而发生消雷作用。

消雷器

四、蒸汽机

16世纪末到17世纪后期,英国的采矿业,特别是煤矿业发展到了相当大的规模,单靠人力、畜力已难以满足清除矿井地下水的要求。而矿井周围又有丰富而廉价的煤作为燃料,于是,许多人开始致力于"以火力提水"的探索。

1698年,托伊斯·塞维利制成了世界上第一台实用的蒸汽提水机,这种设备被广泛用于矿井抽水。

1705年,纽克曼和他的助手卡利发明了空气蒸汽机,用以驱动独立的提水泵。但因为这种机器的蒸汽是在缸内冷凝,所以热效率很低,不能满足人们的需求。

1764年,詹姆斯·瓦特想到,既然纽克曼的蒸汽机的热效率低是蒸汽在缸内冷凝造成的,那么就让蒸汽在缸外冷凝试试看。

1765年,瓦特发明了汽缸壁与冷凝器分开的蒸汽机。该设计能把做功后的蒸汽排入气缸外的冷凝器,

瓦特

瓦特与蒸汽机火车

履带式机械

使气缸产生真空,同时又可以始终保持气缸内处于高温状态,避免了一冷一热的过程造成能量损耗。他还在汽缸外壁装了夹层,用蒸汽加热汽缸壁,以减少冷凝损失。

1781年,为了把活塞的上下往复运动转化为旋转运动,瓦特发明了"太阳与行星齿轮"和杆和曲柄联动系统。这些改进使蒸汽机得以应用到机床、织布机与起重机上,结束了这些机械靠水力驱动的历史。

1782年,瓦特对蒸汽机做了两个方面的改革:在活塞工作行程的中途,关闭进汽阀,使蒸汽膨胀做功以提高热效率;使蒸汽在活塞两面都做功(双作用式),以提高输出功率。

1788年,瓦特设计了飞球离心调速器,用以控制引擎速度,这是历史上首台负反馈式装置被应用于蒸汽机之上。

1786-1800年的短短14年间,世界各国相继制造出蒸汽织布机、蒸汽机驱动的帆船、蒸汽动力钢轨机和蒸汽机车。1807年,美国人富尔把瓦特的蒸汽机装在轮船上,结束了帆船航运的时代。1814年,英国人史蒂芬把瓦特的蒸汽机装在火车上,开创了陆地运输的新时代。这些新生事

蒸汽机火车

蒸汽机火车

物的产生,不得不说都是瓦特蒸汽机的功劳。

19世纪末,随着电力工业的兴起,蒸汽机曾一度被当做电站中的主要动力机械。1900年,美国纽约曾出现了单机功率达5兆瓦的蒸汽机电站。

到了20世纪初,蒸汽机的发展达到了顶峰,此时的蒸汽机经过几十年来的发展改良,具有可变速、可逆转、运行可靠、制造和维修方便等优点,被广泛用于电站、工厂、机车和船舶等各个领域中。

蒸汽机为工业生产提供了强大的动力,使得人类社会的生产力突飞猛进,在很短的时间内改变了整个世界的面貌。蒸汽机的出现和不断改良也为后来的蒸汽轮机、燃气轮机、内燃机的问世奠定了技术基础。而蒸汽轮机、内燃机的出现又促进了人类发电技术的发展,最终把人类推向电气时代。可以说,没有蒸汽机的出现,就没有人类近代工业文明。

知识卡片

织布机

织布机,又叫纺机、织机、棉纺机等,最初的织布机是有梭织布机,无梭织布机技术自19世纪起就着手研究。无梭织机对改进织物和提高织机的效率取得了显著成效,在世界各国被广泛采用,并加快了织造设备改造的进程,许多发达国家无梭织机的占有率已达80%左右,出现了以无梭织机更新替代有梭织机的大趋势。

五、发电机

1820 年，丹麦物理学家奥斯特在一次讲座中无意发现了电流对磁针的作用。

1821 年，英国科学家法拉第敏锐地认识到了电流磁效应的重要性，开始设想由磁生电的可能性。他在研究中发现，一个通电线圈产生的磁力虽不能在另一个线圈中引起电流，但当通电线圈的电流刚接通或者切断的那一瞬间，另一个线圈中的电流指针会发生微小的偏转。他抓住这个发现反复做试验，证实了当磁作用力发生变化时，另一个线圈中就有电流产生。

受这一发现启发，法国人匹克西应用电磁感应原理制成了最初的能产生直流电和交流电的发电机。这种发电机是用手摇的方式使磁铁旋

电的传输

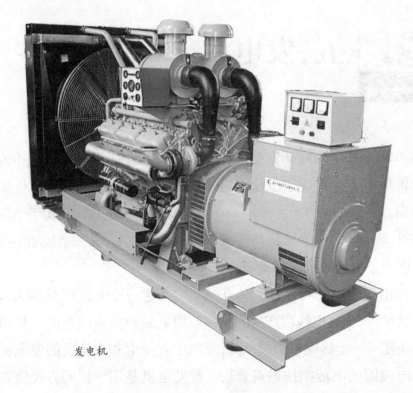

发电机

转，从而使磁力线发生变化，就能在线圈导线中产生电流。后来，人们又制造出一种用永久磁铁来提供磁场、用蒸汽机带动线圈转动的发电机。但它因为磁场太弱、发电效率很低而没有实用价值。

1866年，德国工程师、发明家韦纳·冯·西门子对发电机做出了重大改进：用电磁铁取代永久磁铁，使磁性增强，从而产生强大的电流。这种发电机实现了从实验到应用的转折。

1866年，为了解决德国电镀工业对电力的大量需求，在西门子的带领下，西门子公司成功研制出用电磁铁代替永久磁铁的自激磁场式发电机。这种发电机效率高、发电容量大，一经推出便风靡全世界，为现代电力工业奠定了基石。

1865年，意大利物理学家帕斯努悌发明了环状发电机电枢。这种电枢以在铁环上绕线圈代替在铁芯棒上绕制线圈，从而提高了发电机的效率。

到1869年，比利时学者古拉姆根据帕斯努悌的设计方案，在西门子发明的新型发电机的基础上，于1870年对发电机技术进行了再次改良，进一步扩大了发电机的应用领域。经古拉姆改良的发电机是有史以来第一个可以带动很多电力设备的发电机，具有优良的性能，产生的电流十分稳定。因此，古拉姆被尊称为"现代发电机之父"。

1873年，西门子公司在古拉姆发电机的基础上又发明了交流发电机。

交流发电机

1881年，西门子公司的交流发电机开始为一个英国小镇提供照明电力，之后又在电动列车等方面得到应用。

科学家们对发电机的研究工作一直没有间断过，陆续研制成功了各种各样新型的发电机，如水力发电机、风力发电机、太阳能发电机等。发电机的出现为人类社会生产力的发展提供了巨大的动力。就像马克思在《资本论》里说的那样，没有发电机，就没有人类的"电气时代"。

1883年，美国物理学家尼古拉·特斯拉发明了小型交流电发电机。

1884年，在美国西屋公司的赞助下，高性能的交流电变压器问世，实现了交流电能够以很高的电压进行长距离低损耗传输。

知识卡片

磁场

磁场是一种看不见，而又摸不着的特殊物质，它具有波粒的辐射特性。磁体周围存在磁场，磁体间的相互作用就是以磁场作为媒介的。电流、运动电荷、磁体或变化电场周围空间存在的一种特殊形态的物质。由于磁体的磁性来源于电流，电流是电荷的运动，因而概括地说，磁场是由运动电荷或电场的变化而产生的。

六、复印机

第3章
机械电子类发明

在当今"信息爆炸"的时代,复印机成了人们复制信息的重要工具。利用复印机,人们在几秒钟的时间内,就能完成一份文件的复制,从而摆脱了繁重的抄写工作,并由此促进了信息传播。然而,人们也许不知道,复印机的发明凝聚着一位杰出的发明者20多年的光阴和心血。

卡尔森是美国纽约市的一位发明爱好者。从1936年开始,他就注意到当时的人们在需要文件复本时,往往通过成本较高的照相技术来完成。由此,他想发明一种能快速并经济地复制文件的机器。他跑遍了纽约的各个图书馆,搜寻有关这方面的技术书籍。最初他把研究重点定位于照相复制技术合成,然而,当他饱览群书之后,觉得在此方向很难有所突破。

一天,他来到朋友的工厂里,一位来自匈牙利的工程师给他展示了一种当光线增强时能够产生导电性质的物质,卡尔森豁然开朗。意识到这种物质在他的发明中很有应用价值,于是他把研究重点转向了静电技术领域。

复印机

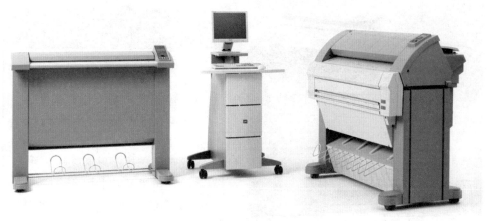

数码工程复印机

卡尔森在纽约市的一个酒吧里租了一个房间作为实验室，并和他的助手——一个名叫奥特卡尼的德国物理学家开始静电复制技术的试验。

1938年10月22日，奥特卡尼把一行数字和字母"10、22、38、AS-TORIA"印在玻璃片上，又在一块锌板上涂了一层硫黄，然后在板上使劲地摩擦，使之产生静电。他又把玻璃板和这块锌板合在一起用强烈的光线扫描了一遍。几秒钟之后，他移开玻璃片，这时，锌板上的硫黄末近乎完美地组成了玻璃片上的那行字符"10、22、38、ASTORIA"。

静电复制技术终于有了突破，卡尔森把这项专利向许多家公司推荐。

然而，从1939-1944年的5年时间里，没有一家公司接受卡尔森的专利。这些公司认为，用硫黄末作为"介质"，从技术上看不够成熟。此外，他们还对生产复印机的市场前景并不看好。实际上，那时需要复制的文件确实并不很多。

卡尔森毫不气馁，继续钻研完善他的静电复制技术。又经过几年的研究，他找到了更为理想的携带静电的"介质"。终于有一家公司采用了卡尔森的最新专利技术，生产出了第一台办公专用自动复印机。

到了1959年，复印机正式被市场所接受，并且像雪球一样，市场越滚越大。今天，复印机已成为一项全

复印、打印一体机

球性的庞大产业。

卡尔森前后经历 20 余年的光阴，由"技术不成熟"、"市场潜力不看好"，到技术日趋成熟、市场日益扩大，终于使静电复印机走向了全世界。

复印机是用各种技术直接从原稿复制副本的机器，有单色复印机与彩色复印机之分。现在常用的静电复印机，主要是由光学部分、电晕部分、光导部分、传动部分、输纸部分、显影部分、转影部分和定影部分构成。复印是通过利用一种带光导膜的半导体材料在光照下导电率发生变化的特点来实现的。

知识卡片

静电

静电是一种处于静止状态的电荷。在干燥和多风的秋天，在日常生活中，人们常常会碰到这种现象：晚上脱衣服睡觉时，黑暗中常听到噼啪的声响，而且伴有蓝光，见面握手时，手指刚一接触到对方，会突然感到指尖针刺般刺痛，令人大惊失色；早上起来梳头时，头发会经常"飘"起来，越理越乱，拉门把手、开水龙头时都会"触电"，时常发出"啪、啪"的声响，这就是发生在人体的静电。

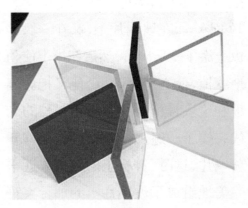

防静电板

第3章 七、空调
机械电子类发明

1901年，英国发明家、制冷之父威利斯·哈维兰德·卡里尔毕业于康奈尔大学。一年后，也就是1902年7月17日，他加入了当时有名的"水牛公司"。在工作期间，他发明了冷气机。但最初发明的冷气机并不是为了给人们带来舒适的生活环境，而是为了给一些机器服务。

在那时，水牛公司的一个客户——纽约市沙克特威廉印刷厂的印刷机由于空气的温度和湿度变化，使纸张扩张和收缩不定，油墨对位不准，无法生产清晰的彩色印刷品，于是他们求助于水牛公司。卡里尔心想：既然可以利用空气通过充满蒸气的线圈来保暖，为什么不能利用空气经过充满冷水的线圈来降温呢？空气中的水会凝结于线圈上，这样一来，工厂里的空气将会既凉爽又干燥。

说干就干，卡里尔经过不断试验，最终，他设计并安装了第一部空调系统，印刷厂里的温度果然一点一点地降了下来。也是从这个时候起，使用空调的时代开始了。

很快，其他的行业，如纺织业、化工业、制药业、食品甚至军火业等，都

空调

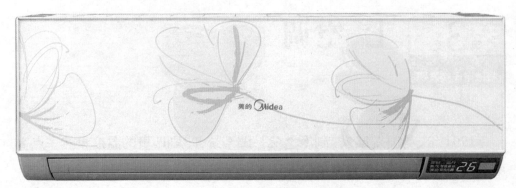

空调

因为使用了空调而使产品质量大大地提高。

1907年，第一台出口的空调被日本的一家丝绸厂买走了。

1915年，卡里尔成立了一家公司，至今它仍是世界上最大的空调公司之一。但是，自空调发明到之后的20年里，享受它的一直都是机器，而不是人。

1924年，底特律的一家商场常因天气闷热而有不少人晕倒，因此，他们率先安装了三台中央空调，商场里一下凉快起来，舒适的环境使得人们的消费欲大增。自此，空调成为商家吸引顾客的有力工具，并开始真正为人们服务。

1928年，第一代的家用空调推出，但它的普及进程被随后的经济大萧条和第二次世界大战所中断。

1936年，空调进入了飞机；1939年，出现了空调汽车。

20世纪50年代，世界经济起飞，家用空调才得以进入发达国家的千家万户。

1962年，第一套冷暖空调应用于太空。

知识卡片

工具

工具，汉语词语，原指工作时所需用的器具，发展为达到、完成或促进某一事物的手段。它的好处可以是机械性，也可以是智能性的。大部分工具都是简单机械。

第3章 机械电子类发明

八、洗衣机

在过去，人们洗衣服一般都是用手在水里搓、用杵槌砸或搅。后来，有人发明了搓衣板。人们为了把衣

洗衣机的离合器

服洗干净，甚至把衣服放在水桶里，加入很原始的洗涤剂，如碱土、锅灰水、皂角水等。

后来有人发明了手动洗衣机，就是把需要洗涤的衣物放到一个盛着水的木盒子里，用一个手柄不断翻转木盒子里的衣物。这种方法虽然比手洗提高了效率，但仍需人们付出很多体力。

19世纪中叶，以机械模拟手工洗衣动作进行洗涤的尝试取得了进展。

1858年，一个叫汉密尔顿·史密斯的美国人在匹茨堡制成了世界上第一台洗衣机。该洗衣机的主件是一只圆桶，桶内装有一根带有桨状叶子的直轴。轴是通过摇动和它相连的曲柄转动的。同年，史密斯取得了这种洗衣机的专利权。但这种洗

洗衣机

衣机使用费力，而且易损伤衣服，因而没被广泛使用，但这却标志着用机器洗衣的开始。第二年，德国又出现了一种洗衣机，用捣衣杵作为搅拌器，随着捣衣杵的上下运动，装有弹簧的木槌便连续敲打衣服，类似棒槌的效果。

1874年，美国的比尔·布莱克·斯特发明了一种木制洗衣机，它已具备了现代洗衣机的雏形。这种洗衣机的主体是一个木桶，桶中心的转轴上装有6个拨爪，摇动手柄，就可通过传动机带动拨爪，拖着衣服在木桶中转动。这样，就可以靠水流的冲刷达到洗涤目的。用它洗衣时缸内放入热肥皂水，衣服洗净后，由轧液装置把衣服挤干。

在蒸汽机发明之后，有人用它代替手工转动衣物的系统，初步实现了洗衣的机械化。

1907年，美国人阿尔瓦丁·费希尔设计并制造了世界上第一台电动洗衣机。这种洗衣机外形呈圆桶状，由一个木滚筒构成，里面装了一台电动机和一根带刷子的主轴，刷子的转动和搅拌带动桶内的水和衣物做顺时针、逆时针旋转，并刷洗衣物。

20世纪30年代，美国本得克斯航空公司下属的一家子公司制成了世界上第一台集洗涤、漂洗和脱水功能于一身的多功能洗衣机。它使用定时器控制洗涤时间，使用起来更为方便。

随着科学技术的发展，各个领域的领先科技都会应用到对洗衣机的研发中。也许有一天，洗衣将不再是一种家务负担，而会转变为一种生活享受。

知识卡片

定时器

人类最早使用的定时工具是沙漏或水漏，但在钟表诞生发展成熟之后，人们开始尝试使用这种全新的计时工具来改进定时器，达到准确控制时间的目的。

九、电视机

1925 年 10 月 2 日，贝尔德在室内安上了一个能使光线转化为电信号的新装置，希望能用它把用作实验的木偶的脸显现得更逼真些。下午，他按动了机器上的按钮，不一会儿，木偶的图像清晰逼真地显现出来，他简直不敢相信自己的眼睛，他揉了揉眼睛仔细再看，那脸上光线浓淡层次分明，细微之处清晰可辨，那嘴巴、鼻子、眼睛、睫毛、耳朵和头发无一不是一清二楚。

早期电视机

贝尔德兴奋得一跃而起，此刻浮现在他脑海的念头就是赶紧找一个活的人来，把一张活生生的人脸图像传送出去。贝尔德家楼下是一家影片出租商店，这天下午，店内营业正在进行，突然间"楼上搞发明的家伙"闯了进来，碰上第一个人便抓住不放。那个被抓住的人便是年仅 15 岁的店堂小厮威廉·台英顿。几分钟之后，贝尔德便在"魔镜"里看到了威廉·台英顿的脸——那是通过电视播送的第一张人的脸。接着，威廉得到许可也去朝那接收机内张望，看见了贝尔德的脸映现在屏幕上。接着，贝尔德又邀请英国皇家科学院的研究人员前来观看他的新发明。1926 年 1 月 26 日，科学院的研究人员应邀光临贝尔德的实验室，放映圆满成功，引起极大的轰动。这是贝尔德研制的电视第一天公开播放，后来，世人便把这一天作为电视诞生的日子。而俄裔美国科学家兹沃雷金则开辟了电子电视时代。随着电子技术在电视上的应用，电视开始走出实验室，进入公众生活，成为真正的信息传播媒介。

到了 1939 年，英国大约已经有两万个家庭拥有了电视机，而同年的 4 月 30 日，美国无线电公司的电视也在纽约的世界博览会上首次露面，开始了第一次固定的电视节目演播。1941 年，贝尔德又成功研制了彩色电视机，但二战的爆发使刚有起色的电视事业停滞了十年。1946 年，英国广播公司恢复了固定电视节目，美

背投电视

液晶电视

国政府也解除了制造新电视的禁令。1949年至1951年，美国已有数百家电视台，电视机的产量也从一百万台跃升到一千多万台。

电视作为一项伟大的发明给人类带来了视觉革命，而电视新闻、电视娱乐、电视广告、电视教育等都已成为巨大的产业；没有电视的生活在现代社会是不可想像的。现代电视已从一种公共媒介的收看工具转变成包含众多信息系统的家庭视频系统中心。从流水线上源源而下的各种型号和功能的电视机奇迹般地改变着人们的生活，加大了信息传播力度和信息量，使世界日益缩小。

3D 电视机

知识卡片

彩色电视机

彩色电视机用电的方法即时传送活动的视觉图像。同电影相似，电视利用人眼的视觉残留效应显现一帧帧渐变的静止图像，形成视觉上的活动图像。

通讯交通类发明

第4章 通讯交通类发明

一、指南针

古时代,有一种指南车,能够用来指示方向。那时,我国南方的九黎部落与中部地区的黄帝部落为争夺地盘打了起来。打仗时,九黎部落领袖蚩尤制造出弥天大雾,黄帝部落首领黄帝便造出一种车子来辨别方向,这车子就叫"指南车"。

早在春秋战国时期,人们在探寻铁矿时发现了一种天然磁石,它可以吸住铁。到了公元前221年,秦始皇统一六国后,在咸阳修建阿房宫。阿房宫中有上道门就是用磁石做的。如果有人穿着盔甲或身上暗藏兵器入室,就会被这扇门吸住。这样,秦始皇住在里面就不怕有人去暗杀他了。传说汉武帝时期,还有人用磁石做成棋子献给汉武帝。这种棋子一放到棋盘上,不用动它,就会相互吸引,如同仇人相见立即打斗一样,

U 型磁铁

所以它被称为"斗棋"。

我们生活的地球本身就是一个巨大的磁体。由熔融态的铁和镍组成的地球外核上有电流和对流存在，从而产生了磁场。地球的磁场也有两极——北极和南极。如果我们用一根磁铁做成棒或针，把它悬挂起来使之可以自由转动，那么它的北极总是指向地理的南极，南极总是指向地理的北极。司南就是根据磁铁的这种性能创造出来的。

司南是用整块的磁铁琢磨而成，形状像一把汤勺，一头有一根长柄，略略翘起；另一头则是光滑的圆底。此外还有一个光滑的底盘，底盘内圆外方，四周还刻有表示方位的格线和文字。司南就放在底盘中间，轻轻地转动一下勺柄，静止后柄的方向必然指向南方。司南是中国也是世界上最早的"指南针"。但司南体积大而且沉重，不方便携带，磁性也比较弱，于是人们开始试着去制作更方便实用的指南仪器。

后来，人们学会制作比天然磁铁的磁性更稳定的人工磁铁。有了人工磁铁的技术支持，指南鱼诞生了。

渐渐地，人们在实践中发现，指南鱼虽然携带方便，但是在出海使用时容易受到风浪的冲击而摇摆不定，所以后来人们又用磁铁做成薄薄的

指南车

磁针装在盒子里,就不易受外界的影响了。这种针就是我们常说的指南针。

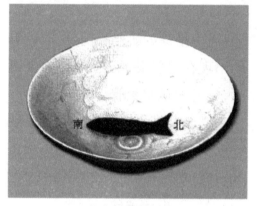

指南鱼

我国宋朝著名学者沈括通过观察发现,指南针指示的方向并不是正南和正北,而是微偏东南和西北,这就是"磁偏角"。这一发现比西方早约400年。

到欧洲探险时代开始之后,指南针被广泛用于航海导航,促成了世界史上著名的"地理大发现",使得资本主义的原始积累在世界范围内迅猛展开,进而改写了人类的历史。

指南鱼是用人工磁铁的铁片剪成的,形状像一条鱼,浮在水面,静止时,鱼头总是指向南方。另外也有用木头做的:先用木头刻成鱼状,把鱼

肚子挖空,装上磁铁,用蜡把肚口封好,再用一根针插进鱼口,针头露在外面。放在水中,不管怎样拨动,针也总是指向南方的。

磁铁

知识卡片

磁铁

成分是铁、钴、镍等原子的内部结构比较特殊,其原子本身就具有磁矩。一般情况下,这些矿物分子的排列较混乱。而它们的磁区互相影响并显示不出磁性来,但是在外力(如磁场)导引下其分子的排列方向就会趋向一致,其磁性就会明显的显示出来,也就是我们平时俗称的磁铁。

第4章 二、船

通讯交通类发明

中国是世界上最早发明船只的国家之一。唐代时，李皋发明了"桨轮船"。他在船的舷侧或艉部装上带有桨叶的桨轮，靠人踩动桨轮轴，使轮周上的桨叶拨水推动船体前进。因为这种船的桨轮下半部浸入水中，上半部露出水面，所以被称为"明轮船"或"轮船"，以便和人工划桨的木船、风力推动的帆船相区别。桨轮船的出现在造船发展史上具有重要意义，它是近代明轮航行模式的先导。后来螺旋桨推进器取代了桨轮，"明轮船"被淘汰了。因为称呼上的通俗和习惯，用螺旋桨推进的船仍被称为"轮船"，并沿袭至今。

18世纪，瓦特的蒸汽机成为在

蒸汽船

大工业中普遍应用的动力机，于是，许多人开始研究把蒸汽机装到船上，用蒸汽作动力使船前进。1787年，美国人约翰·菲奇制造了世界上第一艘蒸汽动力轮船。这艘船两侧安装了六把划桨，用一根铁杆连接，蒸汽机的活塞推动铁杆做水平运动，带着六把桨一起划水，以此推动船前进。

轮船

1807年7月，被人们称为"轮船之父"的美国机械工程师罗伯特·富尔顿设计出排水量为100吨、长72米、宽9.14米的汽轮船"克莱蒙特号"。这艘船是由72马力的瓦特蒸汽机产生动力带动桨轮拨水的。

8月17日，载有40名乘客的"克莱蒙特号"从纽约出发，沿着哈德逊河逆水而上，31小时后，驶进240千米以外的奥尔巴尼港，平均时速7.74千米，从此揭开了轮船运载时代的帷幕。此后，"克莱蒙特号"在哈德逊河上定期航行，成为世界上第一艘用于实际运输的蒸汽轮船。

"克莱蒙特号"投入使用后，越来越多的人开始投身于轮船事业。

木船

1814 年。英国的亨利·霍尔制造了"彗星号"客轮运送旅客,这是欧洲的第一艘客轮。

1819 年,美国"萨凡纳号"轮船横越大西洋成功。

1892 年,最先使用汽轮机的"达宾尼亚号"的航行速度达到了 34 海里(约 61 千米),令人们惊叹不已。

现在,轮船已经成为现代文明不可缺少的运载工具,它深刻地改变和影响着人们的生活。对于现代人来说,漂洋过海已经是十分平常的事情。如今,形形色色的船舶已经把世界各国连接起来,共同推动着人类文明不断向前发展。

知识卡片

蒸气

也称"水蒸气",主要用途有加热、加湿,产生动力,作为驱动等。根据压力和温度对各种蒸汽的分类为:饱和蒸汽、过热蒸汽。

三、汽车

1769年，瓦特发明了蒸汽机，于是，法国军官库诺想到，把蒸汽机装在车子上来提供动力，不是很方便吗？不久，库诺就试着制造了一辆用蒸汽机作动力的车子。他把车子开到马路上，只见那车子晃晃悠悠，一步一喘，还有浓烟和蒸汽夹杂在一起翻腾。"汽车"的名字由此而来。

1860年，比利时工程师莱诺发明了一种燃烧煤气的发动机，并成功地把它装在一辆三轮车上做了试验。

汽缸盖

摩托车

两年后,他又制造了一辆能在三小时内跑完10千米路程的液体燃料内燃机汽车。1864年,奥地利的马库斯也发明了他的煤气动力汽车,可惜很难操作。1884年,法国纺纱厂厂主戴波梯维尔造出了世界上第一辆使用汽油机作动力的汽车。然而,他很快就把这辆车的发动机拆下来用作纺织厂的动力设备,而没有再花精力去改进这一发明。至此,发明家们都把精力只放在引擎的改进上,而不是汽车的整体制造上。因此,人们一般不把他们当作汽车的发明人。

德国人卡尔·本茨于1885年把内燃机装在一辆三轮车上。这辆车的时速可以达到13千米至16千米,但由于政府的干涉,卡尔·本茨只能开着车在自家院子里兜圈子。一天,卡尔·本茨的妻子趁丈夫不在,开着装有汽油发动机的三轮车出门兜了一圈,沿途惊动了许多人。本茨的妻子无意中成为世界上第一个开车兜风的人。这也引起了政府的关注和重视,经过考察,政府终于承认了这辆车的价值,并允许它在公路上行驶。而本茨在1886年1月29日获得了世界上第一项汽车发明专利。

德国的另一个叫戈特利布·戴

德国奔驰汽车

姆勒的工程师研制出新式的汽油引擎，并把它安装在一辆四轮马车上。人类第一辆四轮汽车由此诞生。这辆车的时速比本茨的三轮车还快，可达到 18 千米。后来，戴姆勒和本茨联合成立了著名的奔驰公司。

1893 年，奔驰公司制造了配有 3 马力汽油发动机且更加稳定的四轮汽车。同年，美国的第一辆汽油引擎汽车由发明家杜里埃和他的兄弟弗朗克制造成功。1896 年，美国制造的汽车开始在市场上销售。

最初的汽车因为成本太高、售价太贵而成为富人们的专用交通工具。随着社会的发展，人们生活水平不断提高，汽车逐渐走进了普通百姓家。

汽车的出现改变了原野和城镇的面貌，改变了人们的思想。如今的汽车不仅是工农业生产和商业交通的必要运输工具，更被人们视为文化教养的偶像、玩物和艺术品，它给人以速度、机动性和自由的想像。

汽车真正开始成为一种普遍的交通工具得归功于美国工程师福特。

汽油机

1913 年，福特在汽车工业生产中开创了零件生产规格化、装配作业流水化、实现产品标准化的批量生产方法，他也因此成为了现代汽车工业的开创者。

知识卡片

引擎

引擎是发动机的核心部分，因此习惯上也常用引擎指发动机。引擎的主要部件是气缸，也是整个汽车的动力源泉。严格意义上世界上最早的引擎由一位英国科学家在公元一六八零年发明。在游戏的编写中，引擎指用于控制所有游戏功能的主程序。

四、电话

第4章
通讯交通类发明

英国科学家贝尔在一次做描绘声波曲线的实验中意外发现,每当实验中电源开关被打开或关上,在接通和切断电流的刹那,一个实验线圈就会发出声音。由此贝尔想到,假如对这一规律加以利用,使电流的变化与声波的变化达成一致,这样一来,只要把这种变化的电流通过导线传送出去,也就能够随之送出声音了。

于是,贝尔把电磁开关装在薄金

早期电话

电话听筒

属片上,然后对着薄金属片讲话。他认为,薄金属片会随着人讲话产生的声波而颤动。装在金属片上的电磁开关会由于这种振动连续地开和关,而有规律的脉冲信号就这样形成。可当时贝尔还没有深入研究电磁学,因此他不知道声音的频率很高,这种方法根本不管用。

后来,在专家的指点下,贝尔开

始学习电磁学。没用多长时间，贝尔已经能够熟练地运用电磁学理论了，随后，他便开始筹备实验。

1875 年 6 月 2 日，贝尔与助手沃特森按照习惯很早就开始工作了。他们先对机器

可视电话

电话

装置做了仔细的检查，然后就来到各自的房间开始实验，由沃特森负责发出讯号，贝尔负责接收讯号。十几个小时的反复尝试之后，贝尔突然听到一阵断断续续的声音。他立刻放下手中的东西，起身就向隔壁沃特森所在的房间冲了过去。

贝尔终于发明了一种可以把声音变成电流的机械装置。用电来传递声音的梦想就这样变成了现实。

1876 年 2 月 4 日，贝尔为这种可以传送声音的机器申请了专利，并称它为"音频电报"。1877 年，贝尔电话公司经贝尔筹资正式成立，电话机的商业性生产从此开始了。

知识卡片

电磁学

电磁学是物理学的一个分支。从大的方面说，电磁学是包含电学和磁学，从小的方面来说是一门研究电性与磁性相互关系的学科。

第4章 通讯交通类发明

五、无线电接收器——收音机

无线电在 19 世纪就已经引起了科学家的注意。1864 年，麦克斯韦通过数学演算预言了电磁辐射的存在，并得出"光也是电磁辐射谱中的一部分"的结论。1887 年，赫兹发现了无线电波。

1894 年，意大利物理学家马可尼发明了无线电天线，并利用设备通过地面收发无线电信号。不久，他利用自己制造的装置把代码信息发送了超过 3000 米的距离。到 1901 年，无线电报信号已经可以跨大西洋传送。

无线电报较传统电报的优势在于不用借助线路传送信号，而普通的电话通过导线可以传送声音信号。这样，人们就开始考虑，无线电波能不能携载人的声音信号呢？这一想法促进了无线电话的发展。加拿大裔美国电气工程师雷吉纳德·菲森登已经完成了该技术的早期研究工作，发明了调制技术。无线电报发射的长短脉冲信号代表莫尔斯电码中的"划"和"点"。无线电话中发射出的信号是连续的，称之为载波，载波的振幅随着麦克风中声音信号的强弱变化进行同步调制。菲森登在 1903 年演示了振幅调制 (AM) 技术。1906 年圣诞前夜，雷吉纳德·菲森登在美国马萨诸塞州采用外差法振幅调制实现了历史上首次无线电广播。

半导体材料

无线电收音机

无线电技术的新发展需要性能更优异的检波器。1906 年，美国电气工程师皮卡德设计制造了晶体检波器。晶体检波器利用金刚砂（碳化硅）、方铅矿石（硫化铅）或纯硅晶体为材料。整流器接收到的无线电信号后，把交变信号（AC）转化为直流信号（DC）。晶体检波器通过一段可调节的细导线连接到无线电电路上，后来这细线得到一个昵称——猫须。

英国工程师约翰·弗莱明在1904 年发明了性能更优异的整流器/检波器系统，它有一个带两个电极的真空管——二极管。两年后，美国工程师李·德·福雷斯特对二极管进行了改造，又在上面添加了一个电极，这就是后来的三极管。真空管可以用来放大微弱的无线电信号。随着新装置的涌现，无线电工程师就可以进一步优化发射机和接收机的电路设计。1917 年，马可尼开始研究极高频率（VHF）传送技术。但这种技术当时没有实际应用，直到 20 年

迷你收音机

广播发射的信号频率进行调制。调频的信号在传播过程中更稳定，对大气中的电磁波干扰更加不敏感，这样，听众接收到的声音信号便会更加清晰悦耳。

后由于电视机的发明才把它投入使用。1924 年，马可尼利用无线电短波从英国把讲演的声音信号传送到了遥远的澳大利亚。

1912 年，菲森登发明了外差电路。1918 年，美国工程师埃德温·阿姆斯特朗发明了超外差电路，可以使收音机接收到更加微弱的信号，进一步提高了收音机的性能。阿姆斯特朗最杰出的贡献是 1933 年掌握了调频技术（FM）。与调幅（AM）不同，调频（FM）是把载波的频率用

知识卡片

无线电波

无线电波是指在自由空间（包括空气和真空）传播的射频频段的电磁波。无线电技术是通过无线电波传播声音或其他信号的技术。无线电技术的原理在于，导体中电流强弱的改变会产生无线电波。利用这一现象，通过调制能把信息加载于无线电波之上。当电波通过空间传播到达收信端，电波引起的电磁场变化又会在导体中产生电流。通过解调把信息从电流变化中提取出来，就达到了信息传递的目的。

电路

电路专指由金属导线和电气以及电子部件组成的导电回路。直流电通过的电路称为"直流电路"，交流电通过的电路称为"交流电路"。

六、手机

手机就是手提式电话机的简称，或称移动电话，香港地区也称行动电话，是一种便携式无线电话。

手机的发明者马丁·库帕是当时美国著名的摩托罗拉公司的工程技术人员。1973年4月的一天，他站在纽约街头，掏出一个约有两块砖头大的无线电话(这是世界上第一个移动电话)，正打给他在贝尔实验室工作的一位对手，对方当时也在研制移动电话，但尚未成功。库帕后来回忆道："我打电话对他说：乔，我现在正在用一部便携式蜂窝电话跟你通话。我听到听筒那头的'咬牙切齿'——虽然他已经保持了相当的礼貌。"这个当年科技人员之间的竞争产物现在已经遍及世界各地，给我们的现代生活带来了极大的便利。

由于手机摆脱了电话线的限制，很受人们的欢迎，可在当时手机的生产却遭到了限制，直到10年后这种通信设备才开始进行商业化的大规模生产，很快便风靡全球，库帕也因此被称为"手机之父"。

手机的类型顾名思义就是指手机的外在形式，现在比较常用的手机可分为折叠式(单屏、双屏)、直立式、滑盖式、旋转式等几类。

手机现在已成为人们必不可少的通信工具。到2004年2月，中国手机用户已达到3亿，全球手机用户

手机

智能手机

更达到 13 亿。

回忆 170 多年前，美国画家莫尔斯在一次旅欧学习途中，萌发了把电磁学理用于电报传输的想法，并发明了"莫尔斯电码"，发出了第一份电报。

1831 年，英国的法拉第发现了电磁感应现象，而麦克斯韦进一步用数学公式把法拉第等人的研究成果进行了重新阐述。60 多年以后，赫兹在实验中证实了电磁波的存在。电磁波的发现，成为"有线电通信"向"无线电通信"的转折点，也成为整个移动通信的发源点。

1973 年 4 月，手机的发明者库帕掏出一个约有两块砖头大的无线电话与别人开始通话。这是当时世界上第一部移动电话。

1975 年，美国联邦通信委员会（FCC）确定了陆地移动电话通信和大容量蜂窝移动电话的频谱，为移动电话投入商用做好了准备。

1979 年，日本开放了世界上第一个蜂窝移动电话网。1982 年欧洲成立了 GSM（移动通信特别组）。

1985 年，第一台现代意义上的可以商用的移动电话诞生。它是把电源和天线放置在一个盒子里，重量达 3 千克。

与现在形状接近的手机诞生于 1987 年。与"肩背电话"相比，它显得轻巧得多，而且容易携带。尽管如此，它的重量仍有大约 750 克，与今天仅重 60 克的手机相比，像一块大砖头。

从那以后，手机的发展越来越迅速。1991 年，手机的重量为 250 克左右；1996 年秋，出现了体积为 100 立方厘米、重量 100 克的手机。此后又进一步小型化、轻型化。

此后，手机的"瘦身"越来越迅速。到 1999 年就轻到了 60 克以下。

除了质量和体积越来越小外，现代手机已经越来越像一把多功能的瑞士军刀了。除了最基本的通话功能外，新型的手机还可以用来收发邮件和短信息，可以上网、玩游戏、拍照，甚至可以看电影！这是最初的手机发明者所始料不及的。

在通信技术方面，现代手机也有着明显的进步。当库帕打世界第一通移动电话时，他可以使用任意的电磁频段。事实上，第一代模拟手机就是靠频率的不同来区别用户的手机。

第二代手机-GSM 系统则是靠

GSM 手机

摩托罗拉标志

特别微小的时差来区分用户。

到了今天，频率资源已明显不足，手机用户也呈几何级数迅速增长。于是，更新的、靠编码的不同来区别不同手机的CDMA技术应运而生。应用这种技术的手机不但通话质量和保密性更好，还能减少辐射，可称得上是"绿色手机"。

手机发展的历史不仅代表着科技的进步，同时也是人类文明发展的见证，从模拟到GSM、从GSM到GPRS、从单频到双频、从英文菜单到中文输入、从语音到短信……手机发展的速度越来越快。中文输入的出现，在手机历史上，特别是中国的手机史上起着分界点的作用。手机每一项新功能的出现，都代表着科技的不断进步。

知识卡片

摩托罗拉公司

摩托罗拉公司1928年成立，总部设在美国伊利诺伊州绍姆堡，位于芝加哥市郊。世界财富百强企业之一，是全球芯片制造、电子通讯的领导者。

辐射

辐射有实意和虚意两种理解。实意可以指热，光，声，电磁波等物质向四周传播的一种状态。虚意可以指从中心向各个方向沿直线延伸的特性。辐射本身是中性词，但是某些物质的辐射可能会来到危害。

七、光纤通信

随着社会的进步与发展,人们的物质与文化需求日益增长,通信发展的必然趋势就是向大容量、长距离的方向发展。由于光波可以容纳巨大的通信信息,所以用光波作为载体来进行通信一直是几百年来人们追求的目标。

1880年,美国人贝尔发明了用光波作为载体传送语音的"光电话",由此诞生了现代光通信的雏形。1960年,美国人梅曼发明了第一台红宝石激光器,给光通信的发展带来了新的希望。激光器的发明和应用使沉睡了80年的光通信进入一个崭新的阶段。由于没有找到稳定可靠和低损耗的传输介质,对光通信的研究曾一度陷入了低谷。

1955年,英国科学家卡帕尼发用极细的玻璃制作成光导纤维,并成功地把它应用在了医学

光纤

上使用的内窥镜里。但信号在传输过程中损耗太大，不能在较长距离内有效地传送。1966年，华裔美国科学家高锟提出"可作为光波导体用于实际通信的玻璃纤维"的理论，为实现光纤通信打下了基础。利用这种理论，人们纯化了作为光波导体的玻璃纤维，使传送信号衰减率小于20分贝／千米，实现了利用光纤远距离传输激光信号的梦想。而高锟也因为在"光纤通信"领域的杰出贡献被称为"光导纤维之父"。

1970年，美国康宁公司研究出了耗损率为10分贝／千米的套层光纤，它可以传输150万路电话和2万套电视，使光纤通信的研究向前迈进了一大步。

1975年，美国科学家成功发明了光纤通信系统。这种系统使用的不是单根光导纤维，而是由许多根光导纤维组成的光缆。光缆和电缆一样可以架在空中，也可以埋入地下，还可以铺设于海底。光纤通信系统的发明使光纤通信得到了广泛的应用。

一年后，日本筹建了世界上第一个完全用光缆进行光纤通信的商业通信试验区。经过两年的时间，这个试验区拥有300个用户。到1979年，日本已经把光纤的光损耗率降至0.2分贝／千米，而光纤通信在商业通信试验区也取得了圆满成功。从此，实用商业通信光纤系统开始从日本传到全世界。

此后，光纤通信系统在世界各国以空前的速度发展起来，发达国家在短时间内把长途通信干线全部换成了光纤。到1989年，全世界光缆猛增到40万英里。现在，光纤通信技术已被广泛应用于通信、广播、电视、电力、医疗卫生、测量、宇航、自动控制等许多领域。光纤通信极大地推进了人类在信息领域的发展，是人类跨入信息时代的重要标志。

知识卡片

激光器

能发射激光的装置。激光器可分为气体激光器、固体激光器、半导体激光器和染料激光器4大类。近来还发展了自由电子激光器，大功率激光器通常都是脉冲式输出。

第 **5** 章

实用的生活类发明

◎ 镜　子
◎ 肥　皂
◎ 火　柴
◎ 牙　刷
◎ 抽水马桶
◎ 铅　笔
◎ 钢　笔
◎ 打火机
◎ 电　灯
◎ 拉　链
◎ 人造纺织材料化纤
◎ 味　精

第5章

实用的生活类发明

一、镜子

远古时没有镜子，人们就常常在河边或水塘旁对着水面照照自己的脸部，看有没有什么污渍。但微风一吹，水面泛起波纹，这时就看不清楚了。3000多年前，我们的祖先开始使用青铜镜。那时，人们先把青铜铸成一面圆盘，再把它打磨得又平整又光洁，可照出人影来。可是，用青铜镜照出的人影并不清晰，而且青铜镜还会生锈，必须经常打磨。在唐代，

镜子

镜片

常常有挨家挨户上门用磨石替人打磨青铜镜的工匠走街串巷，大声吆喝。

中国奴隶制社会初期正处于青铜器时代，人们在长期的青铜冶铸实践中，认识了合金的成分、性能和用途之间的关系，并能控制铜、锡、铅的配比。古书《考工记》中记载"金有六齐"，也就是合金的六种配比。里面最后一齐："金，锡半，谓之鉴燧之齐。"就是制作铜镜用的配比。"鉴"就是镜，含锡较高，可以使铜镜磨出光亮的表面和银白色泽，还能使它具有良好的铸造性能以保证花纹细致。我们的祖先早在2000多年以前就制出了精美的"透光镜"，它能反射出铜镜背后的美丽图案。

在欧洲古希腊、罗马时代，人们也是用一种稍微凸出的磨光金属盘当做镜子，镜子不反光的一面刻有花纹。最早的镜子是带柄的手镜，到1世纪出现了可以照全身的大镜。中世纪时，手镜在欧洲普遍流行，通常为银制镜或磨光的青铜镜。

中世纪时，装在精美的象牙盒内

望远镜

或珍贵的金属盒内的小镜子成为妇女随身携带的物品。

玻璃诞生以后，世界玻璃业的中心威尼斯出现了玻璃镜。威尼斯人把亮闪闪的锡箔贴在玻璃面上，然后倒上水银。水银是液态金属，能够很好地溶解锡，从而形成一种黏稠的银白色液体——"锡汞剂"。

这种锡汞剂能够紧紧地黏附在玻璃上，这样就能得到玻璃镜。玻璃

化妆镜

镜比青铜镜前进了一大步,成为一种非常时髦的东西,深受人们欢迎。那时,欧洲各国的王公贵族和有钱人如潮水一般涌向威尼斯,竞相购买这种玻璃镜。

1600年,法国国王亨利四世和意大利豪门之女玛丽·德·美第奇举行婚礼的时候,当时的威尼斯国王把一面精致的小玻璃镜作为贺礼赠送给她,它的价值达15万法郎。在那个时候,威尼斯政府为了赚钱,对制造玻璃镜的方法是非常保密的。他们专门制定了法律:谁要是把制造玻璃镜的秘密泄露给外国人,一律立即处以死刑。而且他们还把制造镜子的工厂集中到穆拉诺岛上,并派了军队四周设岗加哨,不准任何人进出,玻璃镜的生产处于严密的封锁之中。这样,威尼斯垄断了世界上镜子的生产,财富便源源不断地流入威尼斯。

1666年,法国的贵族们使用了各种办法,终于弄到了制造镜子的方法,并在诺曼底建造了一座制造玻璃镜的工厂。从此,水银玻璃镜的制造奥秘被公布于世,玻璃镜不再那么昂贵了,一般老百姓也能够

铜镜

花卉，从神话传说到写实图案，天上人间，人神杂陈，动物植物，交织并列，构思巧妙，包罗万象。

现代的镜子是用德国化学家利比格于 1835 年发明的方法制造的。这种方法就是，把硝酸银和还原剂混合，使硝酸银析出银，附在玻璃上。一般使用的还原剂是食糖或四水合酒石酸钾钠。1929 年，英国的皮尔顿兄弟以连续镀银、镀铜、上漆、干燥等工艺改进了此法。

随着现代技术的不断发展，镜子的制作工艺越来越考究，造型越来越精美，用途也越来越广泛。镜子已经成为人们生活中必不可少的日用品之一了。

买得起，水银玻璃镜的使用也就流行起来。

铜镜上的纹饰雕刻手法多种多样，无论是线雕、平雕、浮雕、圆雕、透空雕，都显得非常细腻生动。纹饰内容更是丰富多彩，从几何纹饰到禽鸟

知识卡片

垄断

垄断一般指唯一的卖者在一个或多个市场，通过一个或多个阶段，面对竞争性的消费者-与买者垄断刚刚相反。垄断者在市场上，能够随意调节价格与产量（不能同时调节）。

第5章 实用的生活类发明

二、肥皂

传说在古埃及皇宫里，有个厨师在国王开宴会时不小心把油瓶掉在了炭灰上。他担心被斥责，于是偷偷地把混有油脂和炭灰油瓶扔掉，弄得满手又黑又油。他以为要洗很久才能洗干净，没想到只轻轻搓了几下，就洗得特别干净了。宴会过后，厨师请其他人也试试用沾有油脂的炭灰

肥皂泡

洗手，大家惊喜地发现：手果然被洗得又干净又光滑。

后来，罗马学者普林尼用羊油和草木灰制成了块状肥皂。不久，这种制皂方法传到希腊、英国等地。英格兰女王伊丽莎白一世下令在布里斯托尔建一座肥皂厂，用煮化的羊脂混以烧碱和白垩土制成肥皂。这种肥皂的质量相比以前有很大的提高，但价格却十分昂贵，一般百姓根本买不起。

肥皂

各种各样的手工肥皂

1791 年，法国的化学家卢布兰找到了用电解食盐的方法来制成烧碱，此后，肥皂的制作成本下降了很多。这时，肥皂就开始进入普通百姓的家庭。

肥皂的普及使用促进了人类卫生事业的发展，对于人们预防感染性疾病起到了很大的作用。随着化工技术的不断发展，人们又发明了形形色色的合成洗涤剂，但直到今天，肥皂仍然是我们生活中最方便的去污产品之一。

知识卡片

羊油

白色或微黄色蜡状固体，主要成分为油酸、硬脂酸和棕榈酸的甘油三酸酯。是从羊的内脏附近和皮下含脂肪的组织。

洗涤剂

洗涤剂的主要成分是表面活性剂，表面活性剂是分子结构中含有亲水基和亲油基两部分的有机化合物。

三、火柴

第5章
实用的生活类发明

钻木取火，就是用一根木棒立在另一块木块上，用力旋转，从而产生火苗。这是一种利用摩擦生热取得火种的做法。在太古时代，人们主要是用燧石互相打击取火。后来，随着社会的进步，人们开始用铁块或打火石相互碰撞来取火。但这些方法都十分麻烦，使用起来既耗时又不方便。

盛装黄磷的桶

根据记载，最早的火柴是由我国于577年发明的。时值南北朝时期，战事四起，北齐腹背受敌，物资短缺，特别是缺少火种，连烧饭都成问题。令人惊奇的是，当时的一班宫女发明了火柴。不过我国古代的火柴都只是一种引火的材料而已。

1669年，德国炼金术士布朗特在汉堡冶炼金属，想要炼出黄金，没想到意外收获了易燃的物质——磷。后来，他把磷以高价卖给了一位富商。该富商把磷带到英国，遇到了著名科学家波义耳。经过研究后，波义耳初步掌握了制白磷的技术，并开始做制造火柴的试验。

1827年的一天，英国化学家约翰·沃克正在试制一种猎枪用的发火药。他把金属锑和钾碱混合在一起，然后用一根木棍搅拌。这样，木棍的一端便粘上了金属锑和钾碱的混合物。实验过程中，他想把粘在木棍上的混合物在地上磨掉，以便再利

钻木取火塑像

用这根木棍来搅拌新配制的混合物。然而，正当他在地上使劲摩擦木棍时，突然"噗"的一声冒出了火苗，木棍燃烧起来了。这个发现使沃克非常高兴，他开始参照自己发现的办法研制火柴。

1827年4月7日，约翰沃克制作的第一盒火柴出售了。他制作的火柴以84根为一盒，售价1先令。火柴盒的一端贴有一小片砂纸，把火柴头放在砂纸上用力向外一划，火柴便点燃了。从此，火柴便在全世界得到了普及。

在此基础上，1830年出现了黄磷火柴，这种火柴一经摩擦便可引燃，但使用起来比较危险，而且它产生的烟会对人体健康造成伤害。1898年，法国的两位化学家席文和卡汉利用三硫化四磷代替白磷或红磷制造火柴。他们把磷和氯酸钾、硫磺和树胶等混合后敷在细木棍上制成火柴。这种火柴在粗糙的墙壁、地面、鞋底等处摩擦都可以着火。

由于这种火柴使用方便，着火效果好，被称为"摩擦火柴"。

火柴的出现使火的使用变得更加方便。尽管在现代，打火机已经逐渐取代了传统火柴的地位，但它曾经带给人类的便利却会永载史册。

知识卡片

火柴

火柴是根据物体摩擦生热的原理，利用强氧化剂和还原剂的化学活性制造出的一种能摩擦发火的取火工具。小火柴蕴含大学问，火柴的制作过程复杂，种类很多，主要有日用的安全火柴、普通火柴、高档火柴和各种各样的特种火柴。

硫磺

硫磺别名硫、胶体硫、硫黄块。外观为淡黄色脆性结晶或粉末，有特殊臭味。硫磺不溶于水，微溶于乙醇、醚，易溶于二硫化碳。作为易燃固体，硫磺主要用于制造染料、农药、火柴、火药、橡胶、人造丝等。

四、牙刷

人类的祖先早就有漱口、刷牙的习惯。在公元前 3000 年的苏美尔人乌尔城邦的国王墓穴中，人们就曾发现了最早的清理口腔的工具——牙棒，一支牙棒能用上两个星期。阿拉伯人现在还会从一种树上取下树枝，把它的一端捣碎，做成刷状，用来清理牙缝，这可以算是一种天然牙刷。据科学家分析，这种树枝含氟和皂素，可预防蛀牙，并有止痛作用。

牙刷

在我国封建社会，一些大夫明确指出：受了风和吃了东西后不漱口是引起龋牙的原因。于是，从 2000 多年前起，中国人就有了漱口的习惯。不过，单凭漱口是不能把牙齿上的污垢和食物残渣完全去掉的。因此，古人又想出了用手指或柳枝来清洁牙齿。这是用牙刷刷牙的雏形。

在唐代，人们把柳枝的一端用牙齿咬成刷子状，然后蘸药水来揩齿。到了宋代，有人主张每天至少要揩齿两次，早晚各一次。元代社会还用柳枝蘸上中草药研制成的揩齿粉来刷牙。在辽代应历九年（959年）的古墓中，考古专家发现过一枝2排8孔的植毛牙刷，说明我国当时在口腔卫生方面的技术已经很先进了。

1490年，中国制造了一种牙刷，它的清洁面垂直于刷柄，把从西伯利亚野猪肩胛部位割下的毛植入竹柄上制成。当时的欧洲还处于用手指或亚麻布蘸石粉擦牙的阶段。直到清代，一名法国传教士来到中国，看到中国的牙刷大为惊奇，并把样本和制作工艺带回了欧洲。

在欧洲，牙刷是由英国皮匠埃利斯在伦敦发明的。1770年，埃利斯被捕入狱。他和大多数囚犯不同，善于思考问题。那时，人们常用布片蘸着牙粉或食盐清洁牙齿。一天早晨，埃利斯在用布片擦洗牙齿时突然想到，如果能用小刷子清洁牙齿，肯定要比用布更方便，效果更好。吃过晚饭，埃利斯把一根猪骨头带回牢房，另外还向看守要了一把猪鬃。他先把猪骨头磨成一根小棍，在上面钻了一个个的小洞，然后把一束束的猪鬃插进洞里，扎紧后再修剪平整。欧洲

电动牙刷

化道和呼吸道,可能引起肠炎和肺部感染等,如果通过口腔黏膜破损处进入人体血液,则会引起严重的血液疾病。所以在平时使用完牙刷后,应尽量把牙刷放在干燥通风的地方,另外要经常把牙刷放在阳光下曝晒消毒,最好每隔两三个月换一次牙刷。这样才能避免牙刷上滋生有害细菌,危害我们的健康。

牙刷放在干燥通风的地方

大陆上第一把牙刷就这样在监狱里诞生了。第二天早晨,埃利斯用它刷牙,不但感觉比用布舒服得多,而且牙齿也比以前刷得更加干净。离开监狱后,埃利斯办起了自己的牙刷厂。他获得了很大的成功,因为人们都愿意用牙刷来代替原先的小布片。埃利斯创立的公司至今仍在生产牙刷。

牙刷只要用上一段时间,就会有大量的细菌在刷头上生长繁殖。这些细菌会通过口腔直接侵入人体消

知识卡片

牙刷

牙刷是用于清洁牙齿的一种刷子,一般刷牙时都会在牙刷上放上牙膏清洁牙齿。牙刷的种类很多,如普通牙刷、电动牙刷、单头牙刷、屋型牙刷等。牙刷也是一门学问,购买时要注意牙刷头的大小、刷毛的硬度、刷头与刷柄的角度、刷毛的顶端。

消毒

消毒是指杀死病原微生物、但不一定能杀死细菌芽孢的方法。通常用化学的方法来达到消毒的作用。

五、抽水马桶

第5章
实用的生活类发明

马桶正式的名称为坐便器。在中国古代,它被称为虎子或子孙桶;至唐代,因为避李世民祖父李虎的讳,因此改名为马子,至现代,才改称马桶。

早在伊丽莎白一世时期,当时女王的侍臣约翰·哈林顿爵士便设计出了世界上的第一只与储水池相连的抽水马桶,并把这种新发明安装在了伊丽莎白女王的宫廷里。

1775年,伦敦钟表匠亚历山大·卡明斯改进了哈林顿的设计,研制出冲水型抽水马桶,使储水器里的水每次用完后,能自动关住阀门,还能让水自动灌满水箱。

1778年,英国发明家约瑟夫·布拉梅(液压机的设计者)改进了抽水马桶的设计。他把水箱置于墙上,并在水箱安了个带铰链的杠杆装置,该装置可通过操纵铰链使水箱排水。他还采用了一些诸如控制水箱里水流量的三球阀,和保证污水管的臭味不会让使用者闻到的 U 形弯管等构件,并于1778年取得这种抽水马桶的设计专利权。

1848年,英国议会通过了《公共卫生法令》,里面有一条规定:凡新建房

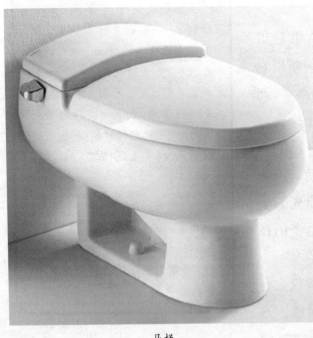

马桶

屋、住宅，必须辟有厕所、安装抽水马桶和存放垃圾的地方，这为抽水马桶的发展和普及提供了条件。像伦敦这样的大城市，也是直到 19 世纪 60 年代才开始统一提供排水设施，而这项法令的公布就使得许多人能享受到抽水马桶的好处。自此，抽水马桶开始受到人们的欢迎。直到 19 世纪后期，欧洲的主要城镇都安装了自来水管道和排污系统后，大多数人才用上了抽水马桶。而这已是哈林顿发明抽水马桶 300 年之后的事了。

卫生间

最初的马桶是用木头制作的，硬度不够，而且容易漏水，时间久了，木缝里还会残存粪便，滋生细菌，传播疾病。后来，人们开始使用石头和铅来制造马桶，解决了渗漏问题。但这种材质的马桶制造起来很麻烦，而且

十分笨重，使用不便，加上容易积累灰尘，冬天坐在上面感觉冰凉，带来不少健康隐患。

中国的陶瓷进入欧洲后，欧洲人逐渐掌握了陶瓷制作工艺，并开始应用于马桶的制作。陶瓷马桶结实不

漏,不会残存细菌,而且易于清洁,使用寿命长。1883 年,托马斯,图里费德使陶瓷马桶市场化,马桶成为了使用最广的卫生用具。

现今,抽水马桶已被公认为城市"卫生水准的量尺",它的发明无疑是对人类社会的又一大贡献。

另外,纽约大学菲利普·泰尔诺博士指出,如果冲水时马桶盖打开,马桶内的瞬间气旋最高可以把病菌或微生物带到 6 米高的空中,并悬浮在空气中长达几小时,进而落在墙壁和物品上。现在大部分家庭中, 如厕、洗漱、淋浴都在卫生间里进行,牙刷、漱口杯、毛巾等与马桶共处一室,自然很容易受到细菌污染。因此,人们应养成冲水时盖上马桶盖的习惯。

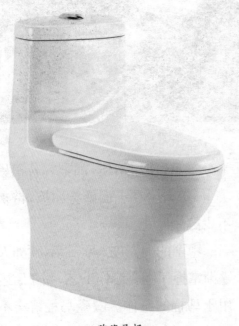

陶瓷马桶

知识卡片

坐便器

坐便器属于建筑给排水材料领域的一种卫生器具。可解决坐便器淤堵后处理费时、费钱,不卫生等问题。坐便器发生堵塞后, 就可以利用清扫栓方便、快捷、卫生地清除淤堵物,经济实用。

水箱

水箱是由高水箱、存水箱和低水箱三部分组成。高水箱内设有机械控制的润水器、冲水阀和泄水阀以及电极浮子开关,润水器和冲水阀的阀座分别与设置在存水箱内的三通冲水管连接,泄水阀开启,高水箱与存水箱连通;低水箱内设置杠杆式浮子开关, 浮子阀芯开启,存水箱与低水箱连通;低水箱内还设有潜水泵、过滤器和排污管,潜水泵出水管口位于高水箱内,潜水泵的关闭通过高水箱内的电极浮子开关控制。

六、铅笔

铅笔是一种用石墨或加颜料的黏土做笔芯的笔。

铅笔的历史非常悠久，它起源于2000多年前的古希腊、古罗马时期。那时的铅笔很简陋，只不过是金属套里夹着一根铅棒，有的甚至只是铅块而已。但是从字义上看，它倒是名副其实的"铅笔"。而我们今天使用的铅笔是用石墨和黏土制成的，里面并不含铅。

现代铅笔的鼻祖诞生于16世纪中叶的英国坎伯兰山脉的布洛迪尔山谷。1565年，在布洛迪尔山谷有人发现了一种称为石墨的黑色矿石可以用来写字，他们随即把这种矿石切割成细条，运往伦敦出售，供商人们在货篮和货箱上作标记之用，故称为"标记石"。这里的石墨矿简直就像是上帝专为生产铅笔而赐予的，纯度高，光滑而不易折断。后来人们把石墨棒插入钻好的小木棍中，就制成了与今天相近的铅笔。

中国古代的笔砚

铅笔

矿石

1761年，德国化学家哈伯建立了世界上第一家铅笔厂。他把石墨、硫黄、锑和松香混合，调成糊状，然后再把它们挤压成条烘干，这样提高了石墨的韧性，而成为今天铅笔的雏形。

18世纪时，能生产铅笔的只有英、德两国。后来，由于战争的影响，法国的铅笔来源中断。当时的法国皇帝拿破仑命令本国的化学家尼古拉斯·孔蒂就地取材，生产本国铅笔。孔蒂用法国出产的劣质石墨与黏土混合，并通过控制黏土与石墨的比例来调整它的硬度和颜色深浅，成型后置于窑内焙烧制成笔芯，再用松木制成笔杆裹住笔芯，获得成功。这样生产出的铅笔成为当时最好用的铅笔，问世后很快传到了世界各地。

1822年，英国的霍金斯与莫达合作，发明了第一支"伸缩式铅笔"。1838年，美国人基拉恩发明了"活动铅笔"。此后又经过许多的改进，逐渐发展成为今天的"自动铅笔"。

知识卡片

铅笔

铅笔，又称"黑铅"，按性质和用途可以分为石墨铅笔、颜色铅笔、特种铅笔3类。关于铅笔的配料比例也是相当有学问的，石墨中掺入的粘土比例不同，生产出的铅笔芯的硬度也就不同，且颜色深浅也不同。

矿石

矿物集合体。在现代技术经济条件下，能以工业规模从矿物中加工提取金属或其他产品。原先是指从金属矿床中开采出来的固体物质，现已扩大到形成后堆积在母岩中的硫黄、萤石和重晶石之类非金属矿物。

第5章 实用的生活类发明

七、钢笔

钢笔也叫自来水笔,是一种笔头用金属制成的笔,它是我们目前使用最为广泛的书写工具之一。

钢笔的先祖

千百年来,欧洲人一直使用的是翎管笔(也称羽毛笔),它是使用鸡、鸭、鹅、鹰等鸟类的翅羽制作的,最常用的是鹅翅羽毛。但翎管笔的寿命很短,笔尖很容易磨秃或劈裂,一支笔能写几千字就很不错了。后来,人们在翎羽毛笔尖上包上一层金属薄片,这样就诞生了金属笔尖。随后,木杆、金属杆又逐渐取代了鸟翅羽毛,演变成为蘸水笔。

虽然笔的寿命大大延长了,但每写几个字就要蘸一下墨水,人们思考对它进一步变革。1809 年,英国人福逊发明了笔杆中可以灌注墨水的笔,笔杆上部有一小孔,小孔关闭时笔尖写不出字,只有打开小孔墨水才

钢笔

能流至笔尖。同年,由另一个英国人布莱姆改进的蘸水笔具有一个很薄的银制笔杆,要像使用带橡皮囊的玻璃管一样用手挤压笔杆,笔尖才能写出字来。

钢笔的发展历程

初具今天自来水笔结构的发明

距今仅有百余年的历史。它是 1884 年由美国人沃特曼发明的。

羽毛笔

沃特曼当时从事保险工作，在工作中常常因为笔漏墨水而使花费很大精力绘制出的表格作废，所以他想应该重新设计出一种能控制墨水下泄、使用更加方便的自来水笔。于是，他放弃了当时所从事的工作，开始潜心研究自来水笔。1884 年左右，研究取得了结果。他利用毛细管的作用，用一条长形的硬橡皮，连接笔嘴和笔内的贮墨水管，又在硬橡皮上钻了一条细如毛发的通管，可容少量的空气进入贮管，以保持贮管内的气压平衡。这样，在笔嘴受到压力时，墨水便会徐徐不断地流至笔尖，有效地解决了墨水的突然滴漏。此后，又有人对沃特曼的发明进行了改进，将加装墨水的滴管改成了能自动吸墨水的胶皮软管，使用更加方便。

知识卡片

钢笔

钢笔是人们普遍使用的书写工具，书写起来圆滑而有弹性，相当流畅。在笔套口处或笔尖表面，均有明显的商标牌号、型号。

胶皮

胶皮是一种粘在乒乓球拍底板上的一种胶，现在通常所说的胶皮并不是直接粘在底板上的，而是覆盖于海绵上面，胶皮和海绵统称为套胶。

第5章 实用的生活类发明

八、打火机

打火机是一种主要用于点燃香烟的发火器具。有汽油打火机、气体打火机、电子打火机等。

打火机的发展史

当世界上第一支手枪问世不久，第一只早期的打火机也就出现了，因为它就是用手枪改成的，叫火绒手枪。这种打火机还长期被作为身份的象征和办公室的摆设。

18世纪，出现了用绳点火的打火机，之后的是磷和煤油或者蜡的打火机，砂轮和火绳、汽油打火机。

1854年爆发的克里米亚战争使卷烟工业迅速发展，而在此之前，只有东欧和巴尔干人抽卷烟，而西欧则以嚼烟、烟斗为主。打仗的时候，东欧人可以利用战斗间隙抽上几口，而他们的对手刚装上一烟袋锅就听到开拔的号声。

抽烟变得越来越方便，打火机也

打火机

发展到由打火轮引燃火绳，再用火绳点着汽油的方式了。这期间，由于磷的发现，火柴也问世了，很多打火机同时也是火柴盒。

燃料问题似乎容易解决，问题是产生火花的方法一直颇显笨拙。我们今天所用的打火机的转轮实际上是奥地利人奥尔研制出来的，奥尔发现铁铈合金制成的金属在摩擦时很容易产生大面积的火花。这种金属就是以奥尔命名。奥尔金属的打火轮一开始并不是现在的圆形的周边呈锉状的。

经过一番摸索，他发展成火石装在火石管里，为保证火轮的火石间有足够的压力，在火石下面有一弹簧结构，蹭一下火轮子，即可产生火花。奥尔解决的是火花产生的问题，直到今天，它仍是打火机点燃的主流方式。不过人们并不是一开始就想到用转轮，曾采用半转轮，但很快意识到这种往复式的半轮的缺点是火石磨损过快，因为即使不打火时也要磨一下火石。

后来科技的发展使人们发明了电打火。现代烧液体和气体燃料的汽车都是用火花塞放电点火的。

打火机迅速发展的时代

当火花问题和燃料问题解决后，打火机工业得以迅猛发展。19世纪末20世纪初，到处都是打火机厂，有的用金属，有的用电木（酚醛树脂）作

机壳，真是百花齐放。德国的一些犹太人因不堪忍受纳粹的摧残，移居到英美等地，其中就有些打火机制造商逃到伦敦，他们开始在英国制造打火机。这时开烟斗店的登喜路开始造打火机。

一次性打火机

而此时在美洲，一名叫Aranson的人造出了Ranson打火机，并为它的班卓琴形状申请了专利。这种装有汽油、火石的打火机辉煌了很长一段时间。后来同众多厂家一样，停产了。

在打火机制造史上，最具有传奇色彩，并且生命力最长久的（至今在全世界的百货店里都能见到）要算是美国的Zippo打火机了。

1932年，正值美国大萧条的中

Zippo 打火机

个防风网,方便又美观的打火机诞生了。这就是 Zippo 和它的创始人乔治·勃雷斯代的故事。

与众不同的是,在一次次追逐时髦的浪潮中,Zippo 却拒绝一次性消费,主张终身保用,这为收藏提供了极大的方便。Zippo 的外形在过去70 来年中始终没有变,也就是说,如果你获得一只 1934 年的 Zippo,它会跟千禧年纪念版的 Zippo 一样大小。

期。一个雾气腾腾的夏晚,在美国宾夕法尼亚州布拉德福德的乡村俱乐部里,乔治·勃雷斯代与一个朋友在神侃。他的朋友在用一美元一个的奥地利产的打火机点烟,那是一个十分难看的打火机。

"凭你的穿戴,难道你不能用像样一点的打火机吗?"

"你知道吗? 乔治,"他朋友回答,"这玩意儿管用!"

奥地利人似乎没心思完善他们的发明,乔治则对这种打火机进行了改进。他把奥地利打火机改成方块盒,握在手中很合适。打火机盖用一个合页与机身相连,在棉芯周围加一

知识卡片

打火机

打火机是一种小型取火装置。主要用于吸烟取火,也用在炊事和其他取火。打火机的抗风、抗湿性能比火柴好,在较恶劣的天气条件下也能使用。

时髦

时髦,古代指一时的英才。现指短暂的时尚。时髦是非理智的与过流性的行为模式或行为模式的流传现象。以持续的时间讲,时髦现象处于风格与时尚之间。

第5章 实用的生活类发明

九、电灯

电灯问世以前，人们普遍使用的照明工具是蜡烛、煤油灯或煤气灯。这些照明工具使用起来都不方便，煤油灯和煤气灯在使用中还会产生浓烈的黑烟和刺鼻的味道，并且要经常添加燃料，擦洗灯罩。更严重的是，这些照明工具很容易引起火灾，酿成大祸。多少年来，很多科学家想尽办法，想发明一种既安全又方便的灯。

电弧灯于19世纪初被发明，但因十分费电且价格昂贵，还容易烧着东西，发出的光又太刺眼，因此一直没能进入普通家庭。但用电照明的诱人前景激励着人们继续探索。

美国发明家爱迪生在认真总结了前人制造电灯的失败经验后，制定了详细的试验计划，分别在两方面进行试验：一是分类试验1600多种不同的耐热材料；二是改进抽真空设备，使灯泡有高真空度。他还对新型发电机和电路分路系统等进行了研究。在研制过程中，他仔细分析了当

时的煤气灯和电弧灯，试用过铯、镍、铂、铂铱合金等1600种不同的耐热材料，做过6000多次试验，但都收效甚微。

到了1879年9月，爱迪生设计的抽气机已能把灯泡内压力抽到只有大气压力的百万分之一。他继续在灯丝上进行试验，用普通的棉线弯

煤气灯

煤油灯

之一,标志着电进入了每个家庭。光线明亮柔和的白炽灯几乎克服了电弧灯所有的缺陷,能方便地照亮房间的每个角落,人们在这种没有油烟的灯下活动感觉非常舒服。1880年除夕,3000人走上纽约街头观赏这一新的发明。

爱迪生并未在成功前止步。第二年,他又找到了能连续亮1200个小时的新的发光体——日本毛竹丝。到1904年,奥地利人以比毛竹丝灯强三倍的钨丝灯取代了前者,并且这种钨丝灯从1907年起一直沿用至今。

现代的钨丝白炽灯到1908年才由美国发明家库利奇试制成功。这种灯的发光体是用金属钨拉制的灯丝,这种材料熔点很高,在高温下仍能保持固态。事实上,被点亮的白炽灯的灯丝温度高达3000℃。正是由

成钗形,放在密封的容器里烧,加以碳化。他把碳化了的棉丝冷却以后,他再小心地把它们从密封容器里取出来,拿到玻璃匠的屋子里装进灯泡里。终于,爱迪生在1879年的10月21日点亮了第一盏真正具有广泛实用价值的电灯。同年11月,爱迪生又用更耐用的炭化纸条取代了棉丝,大大延长了灯泡的寿命,推出了他的白炽灯商业产品。

白炽灯的出现成为19世纪末美国和欧洲社会生活中最热门的话题

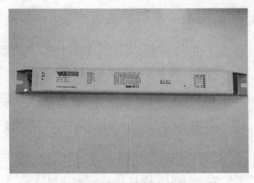

荧光灯电子整流器

电灯钨丝

它光效高、节能效果明显，再加上寿命长、体积小、使用方便等优点，受到了人们的广泛欢迎，产量也迅速增长，质量也不断提高；此外，人们还发明了日光灯、高强度气体放电灯、高频无极灯等新型电灯。它们作为特种照明灯具被应用在各相关领域。

节能灯

于炽热的灯丝产生了光辐射，才使电灯发出了明亮的光芒。因为在高温下一些钨原子会蒸发成气体，并在灯泡里的玻璃表面上沉积，使灯泡变黑，所以白炽灯都被造成"大腹便便"的外形，这是为了使沉积下来的钨原子能在一个比较大的表面上散开。否则，灯泡在很短的时间内就会被熏黑。

1978年，人们又发明了节能灯。

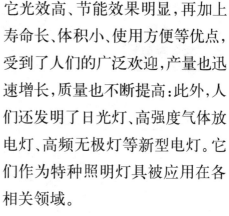

知识卡片

电灯

电灯，又称"白炽灯"，它是电流把灯丝加热到白炽状态而用来发光的灯。电灯泡外壳用玻璃制成，现代的白炽灯一般寿命为1000小时左右。

钨丝

将钨条锻打、拉拔后制成的细丝。主要用于白炽灯、卤钨灯等电光源中。用于灯泡中作各种发光体的钨丝，还需要在冶制过程中掺入少量的钾、硅和铝的氧化物，这种钨丝称为掺杂钨丝，也称作218钨丝或不下垂钨丝。现在的钨丝一般是各种拉丝模拉制的。

十、拉链

第5章
实用的生活类发明

19 世纪中期，长统靴很流行，特别适合走泥泞或有马匹排泄物的道路，但它的缺点就是它的铁钩式纽扣多达二十多个，穿脱极为费时。一个叫贾德森的美国工程师对此十分苦恼。因为他的肚子很大，他弯腰扣靴子上的铁扣子十分费劲。经过一番思考，他发明了拉链的雏形——"滑动式锁紧装置"，不需要扣扣子，只要一拉就能把鞋穿上。但贾德森的"可移动的扣子"并没有流行起来，原因是这种早期的锁紧装置质量不过关，容易在不恰当的时间和地点松开，使人难堪。

1913 年，瑞典人桑巴克把这种粗糙的锁紧装置改进成了可靠的商品：他把一个紧套一个的凹凸形金属锁齿附在一个灵活的轴上，只有滑动器滑动使齿张开时才能拉开，非常牢固。

1924 年，美国古德里奇公司购买了这种产品的专利，把它投入生产。根据它开合时发出的摩擦声，古德里奇公司为它起了个形象的名字——"Zipper"，也就是"拉链"。

拉链在第一次世界大战中被大量使用于各国军装。20 世纪 30 年代，英国威尔士亲王穿起了一条以拉链代替纽扣的裤子，此后拉链进入了服装业并变成了时髦的代名词。

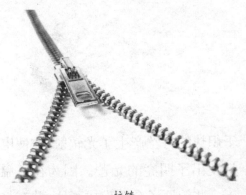

拉链

拉链的制造技术随着产品的流传而逐渐在世界各地传开，瑞士、德国等欧洲国家和日本、中国等亚洲国家先后开始建立拉链生产工场。1917 年，拉链传入日本，当时的拉链由于来源稀少，只能作为达官贵人炫耀自己身份的饰品。1927 年，日本昭和初期，广岛县尾道人开始制造拉链，把拉链冠以"夹具牌"商标开始销出。当时，拉链以坚固耐用而著称，所以，"夹具"成为拉链的代名词。至今，日本人仍称"拉链"为"夹具"。

各种颜色的拉链

1937年以后，北美和中南美的拉链大量销出。拉链终于以新兴产业的形式出现，同样，拉链也成为日本产业界的重要角色。但是，1941年爆发了太平洋战争，日本最终成为战败国，战争给日本国内工业，包括拉链业带来了毁灭性的打击。当时，除了一部分制造军用拉链的企业留下来以外，其他工场差不多都被迫转业或废业。

1946年，战争结束后，由于当时进驻日本美军的影响，拉链的需求量急速增加。但是，战争带来的巨大创伤使日本拉链业界在短期内无法应付需求。"日本式制造法"——手工业制造的缺点暴露无遗。当时，造成了"日本制造的拉链容易坏"的不良形象。1950年日本吉田工业株式会社进口了自动链牙机，步入机械化生产的第一步。此后，公司又发明了拉头自动冲压机。这家公司不但解决了过去制造上的缺点，也把制造过程到生产过程改革一新，从而带动了日本整个拉链业的进步。

如今，拉链已成为生活中不可缺少的物品，它的用途早已突破了服装业，涉足公共服务中的各个领域。

知识卡片

拉链

拉链是依靠连续排列的链牙，使物品并合或分离的连接件，现大量用于服装、包袋、帐篷等。

机械化

用机械来代替人工劳动完成生产作业，如工厂机械化的生产流水线，农业生产中的机械化，工程作业中的机械化施工等。

第5章 实用的生活类发明

十一、人造纺织材料化纤

化学纤维是用天然的或人工合成的高分子物质为原料、经过化学或物理方法加工而制得的纤维的统称，简称化纤。根据所用高分子化合物来源不同，化纤可分为以天然高分子物质为原料的人造纤维和以合成高分子物质为原料的合成纤维。

人造棉衣物

竹炭制品

在人类发明化学纤维以前，人们往往只能以棉、麻、丝、毛等天然纤维作为纺织的原料。但天然纤维的产量很低，随着社会的发展，人们越来越希望能够通过其他途径获得纺织原料。

1845年，德国化学家克里斯蒂安·弗里德里希·舍恩拜发明了硝化纤维素。十年后，瑞士化学家乔治·安德曼利用硝化桑叶发明了人造纤维。1884年，法国著名生物学家巴斯德的学生海兰勒·夏尔多内取得了人造纤维布的发明专利。此后数年，夏尔多内成功地解决了人造纤维布防火的问题。1889年，夏尔多内带着他的人造纤维布参加了巴黎世博会，当即引起轰动，1891年，他开始批量生产人造纤维布。由于夏尔多内是世界上第一个开始批量生产人造纤维布的人，他后来被尊称为

纺织车间

"人造纤维之父"。

就在夏尔多内开始生产人造纤维布的同年，英国化学家查尔斯·克罗斯、约翰·爱德华·贝文和克莱顿·比德尔也获得了一项人造纤维的专利。他们把这种人造纤维生成之前的溶液命名为"黏胶"；这也是我们通常称人造纤维为黏胶纤维的原因。

从严格意义上讲，黏胶纤维只是人造纤维的一种。人造纤维主要包括人造棉、人造丝、人造毛。人造棉除了黏胶纤维外，还包括富强纤维，

它是把黏胶纤维用合成树脂处理过而得到的人造纤维，洗涤性能好、不易缩水。人造丝包括黏胶纤维长丝、铜氨纤维、乙酸纤维等。其中铜氨纤维的优点是不易缩水；乙酸纤维则是一种优质人造丝，不仅不易缩水，而且不易燃烧。人造毛包括人造羊毛和氰乙基纤维等。今天的人造纤维里已包含了很多合成纤维的技术，统称化学纤维。

合成纤维技术是在20世纪30年代开始逐渐发展起来的，这其中

服装

尼龙布料

定名为尼龙。

　　1939年10月24日，杜邦公司在总部开始销售一种由尼龙制成的女性丝袜，引起美国女性的极大兴趣。这种丝袜和传统袜子相比，不仅透明度高，而且不易扯坏，人们排起了长长的队伍争相购买这种丝袜。当时的媒体用"像蛛丝一样细，像钢丝一样强，像绢丝一样美"来形容这种奇特的纺织物。尼龙问世后，形形色色的合成纤维陆续被发明了。

最具代表性的便是尼龙的发明。1927年，美国杜邦公司实施了一项基础化学研究计划，每年投资25万美元作为研发费用。1935年2月28日，杜邦公司的化学研究员华莱士·卡罗瑟斯以己二酸与己二胺为原料研制出一种高分子化合物，它在熔融状态下可以拉伸成纤维。当时这种化合物被称为"聚酰胺66"，后来实现工业化生产后，人们把这种纤维

知识卡片

化学纤维

　　纤维的长短、粗细、白度、光泽等性质可以在生产过程中以调节。并分别具有耐光、耐磨、易洗易干、不霉烂、不被虫蛀等优点。

　　化学纤维又分为两大类：人造纤维和合成纤维。

黏胶

　　黏性是非常复杂的事，与好几个因素有关。但基本原理是，两个表面靠得非常近时，会互相粘黏。

十二、味精

味精是食用调味品之一,白色结晶有光泽,具有强烈的鲜味,化学名是谷氨酸一钠,最初取用酸水解法,利用小麦面筋等蛋白质原料制成,现在也有从甜菜糖蜜中所含的焦谷氨酸制取,或用化学方法合成。

味精

味精的发现

人们经常见到许多食品的包装上标有"成分中含谷氨酸钠"的字样。

谷氨酸钠就是我们通常所说的味精。它的发现是十分偶然的。

1908年的一天,日本帝国大学的化学教授田菊苗,正狼吞虎咽地吃着妻子为他准备的可口菜肴,他突然停止了进餐,向妻子问道:"今天的汤怎么如此鲜美?"他用小勺在汤里搅动了几下,发现汤中只有海带和几片黄瓜,他若有所思地自言自语道:"海带里的奥妙。"

此后,他对海带进行了半年多的研究,最终发现海带中含有谷氨酸钠,正是它使菜肴鲜美无比,于是就把它定名为"味精"。以后他又从小麦中提取出味精,不久,味精便风行全世界。现在多以淀粉为原料,通过微生物发酵,或用人工的方法合成味精。

味精因它的味道鲜美,成为食品和菜肴美味的调料,深受人们喜爱。有一部分医学人士认为,食用味精能改变胃的分泌功能,可以用它来治疗胃液酸度过低和慢性萎缩性胃炎。由于人的大脑组织能氧化谷氨酸钠而产生能量,因此适量食用味精也有助于促使脑神经疲劳的缓解。

使用味精时，除要注意适量外，还应注意，必须在菜做好或汤煮好快起锅时加入味精，切不可高温干炒或油炸味精，因为高温下味精容易发生化学反应而失去鲜味。另外，味精易与酸碱发生反应而失效，因此，不宜把味精和酸碱调味品混合使用。

海带

味精的危害

味精的主要成分为谷氨酸钠，谷氨酸钠是一种潜在的食品污染物质。通过大量的动物实验和社会危害调查证明，若摄取过量的味精可能会引起头痛、恶心、发热、血糖升高等症状。长期食用过量的味精会降低人体的正常抵抗力，减少人体对维生素的吸收，甚至引起其他疾病。

同时，味精摄取过多还会引起骨骼和骨髓发育变异，并导致神经异常，情绪焦躁，兴奋过度。

味精的主要成分谷氨酸钠在100℃以上的高温中会遇热分解产生变异物质"异吡唑"，摄入后可引起结肠、小肠、肝脏、大脑等部位的癌病变。

味精的毒性会使脑下丘过于敏感，以致危及受脑下丘控制的生殖器官、生殖系统，使性成熟异常，并会造成视网膜损伤。

味精还会干扰与破坏内分泌，抑制激素的产生，使生长激素、催乳激素、甲状腺激素、性激素的分泌明显减少。

知识卡片

激素

激素音译为荷尔蒙，希腊文原意为"奋起活动"，它对肌体的代谢、生长、发育、繁殖、性别、性欲和性活动等起重要的调节作用。

第 **6** 章

其他类发明

◎ 陶　瓷
◎ 火　药
◎ 针　灸
◎ 显微镜
◎ 电　影
◎ 集成电路
◎ 信用卡
◎ 计算机
◎ 核武器
◎ 原子弹
◎ 口香糖
◎ 巧克力

一、陶瓷

在原始社会，人们大多依山傍水而居，他们需要寻找贮水、汲水、贮存和蒸煮食物的器具。他们为了使枝条编制的器皿耐火和密致无缝而在上面涂上黏土。人们发现，黏土被水浸湿后，黏性和可塑性更大了。他们又试着把湿的黏土晒干，黏土竟变得坚硬起来。人们后来又发现晒干的黏土如果被火烧一下，就可以变得更结实，而且有很好的防水性，还可用

石英石

瓷器

来盛装东西，放在火上，烧煮食物。从此，古代人们告别了茹毛饮血的日子。

在仰韶文化时期，陶器以红陶为主，灰陶、黑陶次之。当时的陶器基本上是手制成型，也有部分小型器件采用模制。到了仰韶后期，开始出现慢轮修整，普遍使用陶窑烧制陶器，这样火力比较均匀，减少了陶器龟裂和变形的情况。此外，有些陶器上还

陶壶

画着美丽逼真的图案。

　　夏朝,工匠们在瓷土中加入一定比例的长石、石英石,烧制出了质地更加坚硬的器皿。到了商代,人们发明了可以让陶器既美观又不容易渗漏的上釉技术。随着制陶技术的不断提高,人们选用较好的高岭土烧制出了瓷器。瓷器比陶器更结实、坚固,所以逐渐取代了陶器。西汉时期,上釉陶器工艺开始广泛流传起来。多种色彩的釉料也在汉代开始出现。

　　我国古代工匠在长期的制瓷实践中,在原料选择、胚泥淘洗、器皿成型、施釉烧制等方面都已积累了大量经验。唐朝时,我国出现了"三彩釉陶"工艺,现多称之为"唐三彩"。唐三彩是一种低温釉陶器,在陶瓷的色釉中加入不同的金属氧化物,经过焙烧,便形成浅黄、赭黄、浅绿、深绿、天蓝、褐红、茄紫等多种色彩,但多以黄、褐、绿三色为主。通过"海上丝绸之路",中国陶瓷远销到海外,被西方人称为"白色的黄金"。到了宋代,瓷器的生产迅猛发展,产生了举世闻名的汝、官、哥、定、钧五大名窑。

唐三彩

　　元朝统治者在景德镇设置了"浮梁瓷局"以统理窑物。还有人发明了瓷石加高岭土的二元配方,烧制出大型瓷器，并成功地烧制出典型的元青花。这在陶瓷史上具有划时代的意义。

明朝从洪武三十五年开始在景德镇设立"御窑厂"，烧制出许多精致产品，还带动了民窑的发展。景德镇的青花、白瓷、彩瓷、单色釉等品种繁花似锦、五彩缤纷，景德镇也成为全国的制瓷中心。

到了清朝前期，瓷器的发展臻于鼎盛，达到了历史最高水平。景德镇瓷业盛况空前，创烧了许多新品种，

如色泽鲜明、浓淡相间，层次分明的青花等。

陶瓷不仅可以制成盛物器皿、工艺摆件等物品，在现代材料工程、电气工程、化学工程和建筑工程等领域也都有着十分广泛的用途。

知识卡片

陶瓷

陶瓷是陶器和瓷器的总称。陶瓷材料大多是氧化物、氮化物、硼化物和碳化物等。常见的陶瓷材料有粘土、氧化铝、高岭土等。陶瓷材料一般硬度较高，但可塑性较差。

工艺

工艺是劳动者利用生产工具对各种原材料、半成品进行增值加工或处理，最终使之成为制成品的方法与过程。

青花瓷

二、火药

火药的原料是硫磺、硝石和木炭。大约在三千年前，人们就懂得砍伐树木，烧成木炭，留作燃料。硫磺是一种矿物质，西汉年间，在我国华南地区就发现了这种物质，人们把它叫做硫磺矿；后来，在山西等地也陆续有所发现。硝石的发现也不晚于西汉。它常常附着在阴湿的墙根上，像霜一样呈白色，形状似针，有细芒，所以古人也称之为"芒硝"。

诺贝尔

硫磺和硝石在发现后的最初一段时间内是作为药使用的，据《神农本草经》里的记载，这两种物质能治

黑火药

疗一二十种病。因此，有人就把它们和其他的矿物按比例混合在一起放在炉里烧，用来炼丹制药。据说人吃了这种丹药就可以永葆健康，长生不老。但是，丹药没有炼成，人们却意外地发现，达到一定的温度时，炉里的硫磺、硝石、木炭会散发出大量的气体，从而引起膨胀，以至于爆炸。之后，人们就把硫磺、硝石、木炭的混合物称为会发火的药，简称"火药"。

炼丹炉

在 75%、15%和 10%左右，研制出了世界上最早的黑色火药。

火药的诞生为战争中的重要武器——火器的产生奠定了基础。而在和平年代，火药主要用在建筑、开山和采矿等领域。

火药最初并非是使用在军事上的，而是用在宋代诸军马戏的杂技演出和木偶戏中的烟火杂技——药发傀儡上的。宋代演出"抱锣"、"硬鬼"、"哑艺剧"等杂技节目时，都运用刚刚兴起的火药制品"爆仗"和"吐火"等，以制造神秘气氛。宋人同时也以火药表演幻术，如喷出烟火云雾以遁人、变物等，以达到神奇迷离的效果。

后来，军事家们经过加工改造，把硝石、木炭和硫磺的比例分别控制

知识卡片

火药

火药，是一种黑色或棕色的炸药，由硝酸钾、木炭和硫磺机械混合而成，最初均制成粉末状，以后一般制成大小不同的颗粒状，可供不同用途之需，在采用无烟火药以前，一直用作唯一的军用发射药。

硝石

硝石又称焰硝、钾硝石等，无色、白色或灰色结晶状，有玻璃光泽。它是制造火药的原料之一。白色粉末，易溶于水，加热到334℃就分解。在工业上，是制造火柴、烟火药、黑火药、玻璃的原料和食品防腐剂等。

第6章 其他类发明

三、针灸

针灸是中国一种独特的医疗方法，是一项传统的治疗方式，属于物理疗法的一种，也是最简便快速、效果立竿见影的一种医术。针灸是针法和灸法的合称。针法是把毫针按一定穴位刺入患者体内，运用捻转与提插等针刺手法来治疗疾病。灸法是用燃烧着的艾叶按一定穴位熏灼

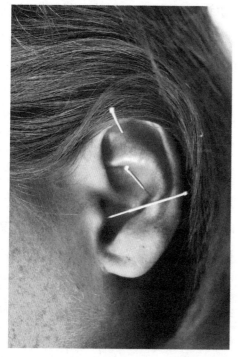

针灸

皮肤，利用热的刺激来治疗疾病。

远古时期，人们主要以狩猎为生，他们在捕获各种兽类时，常常要与困兽搏斗。有时，人们为了谋生，人们即使是患有某种疾病也要去打猎，结果在与野兽搏斗时常常不慎把身体的某个部位刺伤或碰伤。但不久后，他们发现，在某个部位被刺伤或碰伤后，原来的某种疾病就随之消失了。由此，聪明的原始人就有意识地开始进行一些试验。这样，在长期的实践中，他们逐渐总结出了针灸治疗法的一种——针刺疗法。

针灸疗法的另外一种——灸灼疗法产生在火的发现和使用之后。在用火的过程中，人们发现身体某个部位的病痛经过火的烧灼、烘烤后，病痛得以缓解或解除。他们继而学会用兽皮或树皮包裹烧热的石块、砂土进行局部热熨，这种方法逐步发展到以点燃树枝或干草烘烤皮肤来治疗疾病。经过长期的摸索，人们选择

了易燃而具有温通经脉作用的艾叶作为灸治的主要材料，于体表局部进行温热刺激，从而使灸法和针刺一样成为防病治病的重要方法。由于艾叶具有易于燃烧、气味芳香、资源丰富、易于加工贮藏等优点，所以它逐渐成为最主要的灸治原料。

艾灸

针灸的原理就是利用人体本身的自我调整和修复能力，产生平衡阴阳、调节虚实的效果。针灸治疗能使经络运行、血气顺畅；能够刺激脑部产生脑内吗啡，达到抑制、缓解疼痛的目的；可以提高人体免疫功能，从而抵御病毒、细菌等致病因素；还可以传导感应，使病变脏器恢复正常生理功能。

针灸疗法在我国可谓源远流长、历史悠久，最早见于战国时代问世的《黄帝内经》一书。《黄帝内经》里说的"藏寒生满病，其治宜灸"，便是指灸术，里面详细描述了九针的形制，并大量记述了针灸的理论与技术。

《史记·扁鹊仓公列传》中记载，古代神医扁鹊曾用针刺方法把昏迷多日的虢国太子从死亡线上救了过来。另一个就是华佗以针刺法治疗曹操的"头风"的例子。不过，当时使用的针刺疗法还处在原始阶段，针刺的工具只是一些锋利的小石片、小石针，后来人们又利用细而硬的骨头做针。随着金属的出现和利用，人们先后又使用过铁针、铜针、银针和现代的不锈钢针。而且，现代的针刺又与中医经络的穴位治疗和理疗紧密结合，从而能够取得更好的效果。

两千多年来，针灸疗法一直在中

国流行，并传播到了世界。我国的针灸医学不仅在国内深受重视，被广泛使用，而且也越来越受到国际医学界的重视。

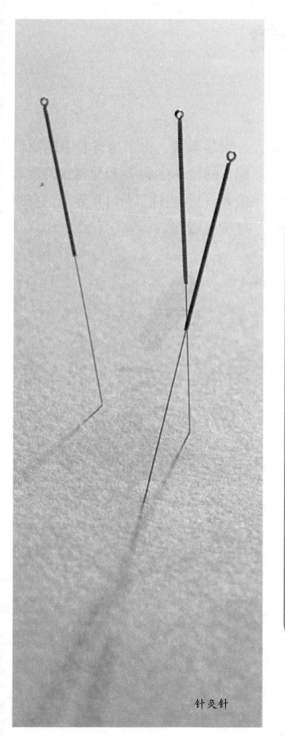

针灸针

知识卡片

针灸

针灸，是以针刺艾灸防治疾病的方法。针法是用金属制成的针，刺入人体一定的穴位，运用手法，以调整营卫气血；灸法是用艾绒搓成艾条或艾炷，点燃以温灼穴位的皮肤表面，达到温通经脉、调和气血的目的。

免疫

免疫是人体的一种生理功能，人体依靠这种功能识别"自己"和"非己"成分，从而破坏和排斥进入人体的抗原物质，或人体本身所产生的损伤细胞和肿瘤细胞等，以维持人体的健康。

第6章
其他类发明

四、显微镜

在显微镜发明之前,人类只能用肉眼观察世界,而对观察过于微小的物质无能为力。为了研究微观世界,人类需要一种能把微观世界放大以便于观察的工具,这就是显微镜。

世界上最早的显微镜是由荷兰的眼镜制造商约翰逊(一说荷兰科学家汉斯·利珀希)于16世纪末发明的。他用_AI 凹镜和一个凸镜成功制造出了显微镜,但却没有发掘出它的真正价值。因此,约翰逊的发明并没有引起世人的重视。直到1673年,荷兰科学家列文·虎克用他自制的显微镜进行了大量科学研究试验,人们才真正认识到显微镜的巨大作用。

1665年,列文·虎克制成了一块直径0.3厘米的小透镜,他把这块小透镜镶在架子上,又在下面装了一块铜板,铜板中央钻了一个小孔,使光线能够射入,从而反射出所观察的东西。这就是列文·虎克制作的第一台显微镜。由于他有着磨制高倍镜片的精湛技术,这台显微镜的放大倍数,已经超过了当时世界上已有的任何显微镜。

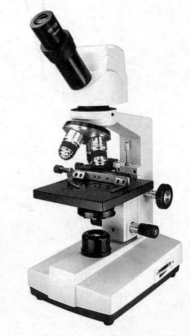

电子显微镜

此后,列文·虎克不断改进自己的显微镜,以便更好地观察神秘的微观世界。他辞去了工作,专心致志地研制显微镜。几年后,他终于研制出了能把物体放大 300 倍的显微镜。

1675 年的一个雨天，列文·虎克从院子里舀了一杯雨水用显微镜进行观察。他发现水滴中有数量惊人的奇怪的小生物在蠕动。之后，列文·虎克又用显微镜陆续发现了红血球和酵母菌。他也因为自己的一系列研究成果被吸收为英国皇家学会的会员和法国科学院院士。

随着技术的发展，现代光学显微镜已经能够实现1500倍的放大倍率，能够分辨的距离已经缩小到 0．2 微米。但当放大倍数超过这个极限时，由于光波波长的限制，物体就无法被分辨清楚了。在这种情况下，再提高透镜的放大倍数也是徒劳无功的。

1931 年，德国科学家

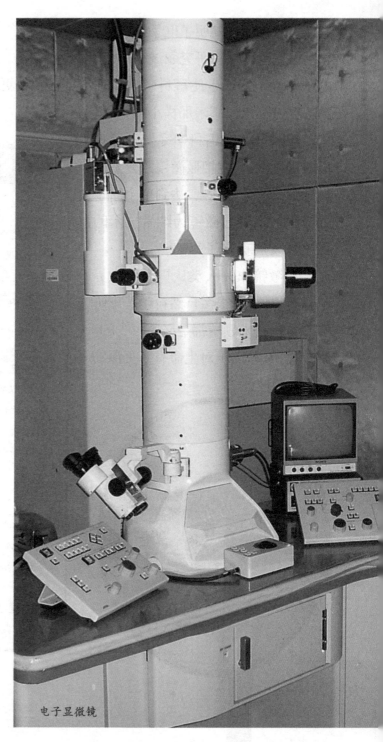

电子显微镜

恩斯特·鲁斯卡发明了电子显微镜，再次引发了微生物研究领域的革命。电子显微镜的诞生使得科学家能观察到百万分之一毫米那样小的物体。

1981年，美国科学家发明了扫描隧道显微镜，它把显微镜的分辨率提升到了一个新高度，达到单个原子的级别。这种显微镜为纳米技术的诞生和发展奠定了基础。

显微镜作为人类认识微观世界的重要仪器，在很多自然科学基础研究和工程技术领域都是必不可少的。借助显微镜，人类对生命有了更深的认识。相信在不久的未来，显微镜在科学研究中会继续大放光彩，引导人类去发现更多的生命奥秘。

知识卡片

光学显微镜

光学显微镜通常皆由光学部分、照明部分和机械部分组成。无疑光学部分是最为关键的，它由目镜和物镜组成。

电子显微镜

电子显微镜有与光学显微镜相似的基本结构特征，但它有着比光学显微镜高得多的对物体的放大和分辨本领，它把电子流作为一种新的光源，使物体成像。

凸镜

凸镜就是凸面镜，也叫广角镜、反光镜、转弯镜主要用在各种弯道、路口，可以扩大司机视野，及早发现弯道对面车辆，用来减少交通事故的发生；也用在超市防盗，监视死角。

凸镜

五、电影

1872年，在美国的一个酒店里，有两个人为了马奔跑时是四蹄腾空、还是总有一个蹄子着地的问题发生了激烈的争论，他们请来一位驯马师裁决，但驯马师也无法判断。他们又请来一位摄影师朋友麦布里奇帮忙揭晓答案。

麦布里奇用一字排开的24架照相机把跑道上马奔跑的连贯动作拍了下来，并按顺序在幻灯机上连续放映。当有人快速地牵动幻灯片时，奇迹出现了：照片中的马栩栩如生，像一匹"活马"朝人们奔跑过来。

后来，随着胶片的产生，爱迪生发明了放映机。人们能够通过小窗口看到放映机里面活动的画面，其实也就是人们常说的"西洋镜"。美中不足的是，人们只能一个一个轮流看。

这种"西洋镜"于1894年传入法国后，卢米埃尔兄弟对它进行了改造。他们发明了既是摄影机又是放映机和洗印机的完美电影放映机，并

手摇电影放映机

成功地把图像投射到银幕上，解决了多人观看的问题，从而成为真正的电影发明者。

1895 年 12 月 28 日，卢米埃尔兄弟公开放映了自己拍摄的几部短片：《工厂大门》、《火车进站》、《水浇园丁》、《墙》，这一天也被公认为世界电影的发明日。

知识卡片

电影

电影，也称映画。是由活动照相术和幻灯放映术结合发展起来的一种现代艺术。是一门可以容纳文学戏剧、摄影、绘画、音乐、舞蹈、文字、雕塑、建筑等多种艺术的综合艺术，但它又具有独自的艺术特征。

短片

短片是北美电影工业在电影诞生的早期所诞生的一个片种。通常在北美将长度在 20～40 分钟之间的电影称作短片，而在欧洲、拉美和澳洲则可以更短一些，比如新西兰将长度在 1～15 分钟之间的电影称作短片。

电影院放映厅

六、集成电路

19世纪,电报机、电话和无线电相继问世,使电力在日常生活中不单扮演能源的角色,也开始进入了信息传播的领域。这些早期的电子仪器促使了电子业的诞生。

20世纪前半叶,电子业的发展一直受到真空管技术的限制。真空管本身有很多缺点:脆、易碎、体积庞大、耗电量大、效率低和运行时释放出大量热能,等等。这些问题直到1947年贝尔实验室发明了晶体管后才得到

太阳能烘箱

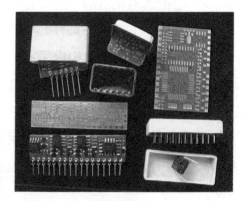

膜集成电路

解决。

与真空管相比,晶体管体积小、耐用、耗电量少,而且效率高。晶体管的出现,使工程师能设计出更多更复杂的电路,这些电路包括了成千上万件不同的元件:晶体管、二极管、整流器和电容。可是,体积微小的电子零件却带来另一个问题:需要花费大量时间和金钱以人工焊接的方式把这些元件连接起来,但人工焊接并不是绝对可靠的。这样一来,电路中成千上万的焊接点都有可能出现问题。

集成电路

因此，电子业接下来所面对的问题，就是要找出一种既可靠又合乎成本效益的方法来生产和焊接电子零件。

1952年，英国科学家达默首先提出了集成电路的设想：根据电子线路的要求，把电子线路所需要的晶体管、晶体二极管和其他必要元件全部完整地制作（集成）在单块半导体晶片上，从而构成一个具有预定功能的电子线路。但由于当时缺乏先进的工业技术，达默的设想无法实现。

1958年9月12日，美国工程师杰克·基尔比成功地实现了把电子器件集成在一块半导体材料（硅）上的构想：他把所有的元件，包括有源的和无源的，造在了一块只有一半别针大小的半导体材料上，构成了一个完整的电路。这一天被视为集成电路的诞生日，而这枚小小的芯片开创了电子技术历史的新纪元，尽管发明者本人当时并没有意识到它的重大意义。

1959年，美国仙童公司的诺伊斯等人对基尔比的集成电路做了重大改进。他们在二氧化硅的表面上沉积金属作为导线，从而在不用焊接的情况下得到了新的集成电路。这种集成电路很快就得到了推广。

1971年，由诺伊斯所创建的英特尔公司的研发人员成功地在一块仅12平方毫米的芯片上集成了2300个晶体管，制成了世界上第一款包括运算器、控制器在内的可编程序运算芯片，也就是现在所说的"CPU"，也就是"微处理器"。这一发明不仅为英特尔公司带来了巨额的销售收入，也使得数以亿计的人们的生产生活有了很大的改变。

集成电路取代了晶体管，使微处理器的出现成为现实，在电路微型化的同时，还大大提高了运行速度和电路的可靠性，为现代信息技术和开发电子产品的各种功能铺平了道路，而且大幅度降低了成本，第三代电子器件从此登上历史舞台。可以说，现代计算机产业就是由集成电路开创的。

CPU

知识卡片

集成电路

集成电路是一种微型电子器件或部件。采用一定的工艺，把一个电路中所需的晶体管、二极管、电阻、电容和电感等元件和布线互连一起，制作在一小块或几小块半导体晶片或介质基片上，然后封装在一个管壳内，成为具有所需电路功能的微型结构；里面所有元件在结构上已组成一个整体，使电子元件向着微小型化、低功耗和高可靠性方面迈进了一大步。

集成电路

微处理器

微处理器用一片或少数几片大规模集成电路组成的中央处理器。这些电路执行控制部件和算术逻辑部件的功能。微处理器与传统的中央处理器相比，具有体积小、重量轻和容易模块化等优点。微处理器的基本组成部分有：寄存器堆、运算器、时序控制电路，以及数据和地址总线。微处理器能完成取指令、执行指令，以及与外界存储器和逻辑部件交换信息等操作，是微型计算机的运算控制部分。它可与存储器和外围电路芯片组成微型计算机。

微处理器

七、信用卡

信用卡于1915年起源于美国。最早发行信用卡的机构并不是银行，而是一些百货商店、饮食业、娱乐业和汽油公司。美国的一些商店、饮食店为招揽顾客、推销商品以扩大营业额，有选择地在一定范围内发给顾客一种类似金属徽章的信用筹码。这种筹码后来演变为用塑料制成的卡片，充当客户购货消费的凭证。由此产生了凭信用筹码在商号或汽油站购货的赊销服务业务，顾客可以在发行筹码的商店和商店的分号赊购商品，约期付款。这就是信用卡的雏形。

据说，世界上第一张信用卡诞生于1950年2月。纽约商人麦克纳马拉在餐馆请人吃饭时发现自己忘了带钱包。尴尬之余，麦克纳马拉开始动脑筋，试图寻找一种就餐时不用立即支付现金的方法。不久，麦克纳马

信用卡

拉和他的朋友成立了一家"晚餐俱乐部"。他们为加入俱乐部的人推出了一种"赊账卡"，持卡人消费时出示此卡，不需支付现金，由"晚餐俱乐部"每月统一结账。第一批"赊账卡"有200张，大部分发给了麦克纳马拉的朋友和亲戚。麦克纳马拉亲自为这

些小卡片担保。它的业务范围后来从餐馆扩展到了酒店、航空公司等旅游相关行业和一般零售店。

1951年，富兰克林国民银行发行了第一张可以循环付款的信用卡。这种信用卡始终向持有者提供一定的信用额度。持有者只要在一定期限内还清不低于这个额度的欠款，就可以获得新的信用授权，而不必每次都单独申请。信用卡公司向接受信用卡的商号收取费用，有时也向持卡人收费。如果持卡人未能在规定期限内还清欠款，信用卡公司将会向他们收取利息。

20世纪60年代，信用卡在世界范围内得到了推广。像维萨卡(VISA)和万事达卡(MasterCard)这样的信用卡，成了几乎家喻户晓的货币代名词，在世界范围内得到了普遍接受。信用卡逐渐减少了现金的使用，从而使现代社会的金融交流更加方便快捷。

在快节奏的现代社会生活中，信用卡因为使用起来方便快捷，所以得到了快速的推广。不过，万事有利也有弊。信用卡先消费后付款的机制，考验着每个持卡人的诚信。另外，利用高科技手段盗取信用卡持卡人信息与恶意透支等犯罪行为的出现，使得信用卡业务所面临的安全问题日趋严重，各大国际级信用卡集团与全球发卡金融机构所都面临着严峻的挑战。

知识卡片

信用卡

　　信用卡是一种非现金交易付款的方式，是简单的信贷服务。信用卡一般是长85.60毫米、宽53.98毫米、厚1毫米的塑料卡片。

金融

　　简单来说，金融就是资金的融通。金融是货币流通和信用活动以及与之相联系的经济活动的总称，广义的金融泛指一切与信用货币的发行、保管、兑换、结算，融通有关的经济活动，甚至包括金银的买卖，狭义的金融专指信用货币的融通。

八、计算机

第6章
其他类发明

1834 年，英国数学家巴贝奇提出用穿扎卡片携带计算指令控制计算过程的设计理念，设计了包括控制部分、运算部分和存贮部分的机械式计算机。但因缺少必要的技术条件，这种机器没有如期问世。

1946 年 2 月 15 日，世界上第一台通用电子数字计算机"埃尼阿克"（ENLAC）研制成功。"埃尼阿克"的诞生是计算机发展史上的一座里程碑，是人类在发展计算技术的历程中到达的一个新的起点。"埃尼阿克"计算机的最初设计方案是 36 岁的美国工程师莫奇利于 1943 年提出的，计算机的主要任务是分析炮弹轨道。美国军械部拨款支持研制工作，并

建立了一个专门研究小组，由莫奇利负责。总工程师由年仅 24 岁的埃克特担任，组员有数学家格尔斯坦和逻辑学家勃克斯。"埃尼阿克"共使用了 18000 个电子管，另加 1500 个继电器和其他器件，它的总体积约 90 立方米，重达 30 吨，占地 170 平方米，需要用一间 30 多米长的大房间才能存放，实在是个庞然大物。这台计算机每秒只能运行 5 千次加法运算，仅相当于一个电子数字积分

世界上第一台电子管计算机

计算机。

这部计算机虽然占地面积非常大，但它的记忆容量却非常低，只有100多个字。但是，"埃尼阿克"的诞生却标志着现代计算机的诞生。我们通常把这种使用真空管的计算机称为第一代计算机。

"埃尼阿克"最初是为了进行弹道计算而设计的专用计算机，但后来通过改变插入控制板里接线方式来解决各种不同的问题而成为一台通用机。它的一种改型机曾用于氢弹的研制。"埃尼阿克"程序采用外部插入式，每当进行一项新的计算时，都要重新连接线路。有时，几分钟或几十分钟的计算，要花几小时甚至一两天的时间进行线路连接准备，这是一个致命的弱点。

1956年，晶体管在计算机中的使用促使了第二代计算机的诞生，第二代计算机的特点在于体积小、速度快、功耗低、性能更稳定。随后，计算机开始了日新月异的发展。

1959年，第三代集成电路计算机研发成功。

1976年，由大规模集成电路和超大规模集成电路制成的"克雷1号"研制成功，标志着计算机进入了第四代。超大规模集成电路的发明使电子计算机不断向着微型化、低功耗、智能化、系统化的方向更新换代。

20世纪90年代，计算机开始向"智能"方向发展。人们制造出与人脑相似的电脑，它可以进行思维、学

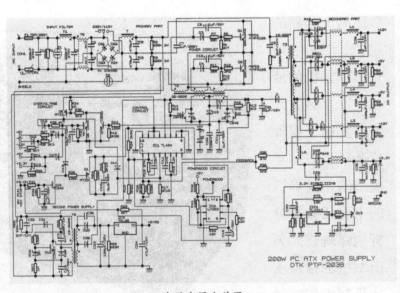

电脑电源电路图

计算机

知识卡片

计算机

　　计算机是一种能够按照程序运行，自动、高速处理海量数据的现代化智能电子设备。由硬件和软件所组成，没有安装任何软件的计算机称为裸机。

智能

　　从感觉到记忆到思维这一过程称为"智慧"，智慧的结果就产生了行为和语言，将行为和语言的表达过程称为"能力"，两者合称"智能"，将感觉、回忆、思维、语言、行为的整个过程称为智能过程。它是智力和能力的表现。

习、记忆、网络通信等工作。

　　进入 21 世纪，计算机又进一步向微型化和专业化发展，每秒运算速度超过 100 万次。

　　时至今日，计算机早已渗透到人们生活和工作的各个方面，与人类社会的发展紧紧相连，成为人们生活与工作不可缺少的伙伴。

九、核武器

第**6**章
其他类发明

核武器是利用能自持进行的核裂变或聚变反应瞬时释放的能量产生爆炸作用,具有大规模杀伤破坏效应的武器。核反应释放的能量比化学反应大几千万倍,反应过程在微秒级的时间内就可以完成。

20 世纪 40 ～ 50 年代研制的核武器,被称为第一代核武器。它的特点是重量大,可靠性不高,主要由飞机携载,如原子弹、氢弹等。

60 ～ 70 年代的核武器为第二代。这些核武器体积小,威力大,可靠性和安全性高,如中子弹。

80 年代后开始研制第三代核武器,包括带金属小弹丸的小型核弹。

原子弹爆炸

中子弹爆炸

核武器的种类

原子弹:是最普通的核武器,也是最早研制出的核武器。

氢弹:是利用氢的同位素氘、氚等氢原子核的聚变反应,产生强烈爆炸的核武器,又称热核聚变武器。

中子弹:又称弱冲击波强辐射工弹。在战场上,"对人不对物"是它的一大特点:

电磁脉冲弹:利用核爆炸能量来加速核电磁脉冲效应的一种核弹。

r(伽马)射线弹:爆炸后尽管各种效应不大,也不会使人立刻死去,但

氢弹爆炸

核弹的爆炸

能造成放射性污染,迫使敌人离开。

感生辐射弹:一种加强放射性污染的核武器。

冲击波弹:一种小型氢弹,采用了慢化吸收中子技术,减少了中子活化削弱辐射的作用。

红汞核弹:它用红汞(氧化汞锑)作为中子源,由于不用原子弹作为中子源,所以体积和重量大大减少,一般小型的红汞核弹只有一个棒球大小,但当量可达万吨。

三相弹:用中心的原子弹和外部铀-238反射层共同激发中间的热核材料聚变,以得到大于氢弹的效力。

威胁人类生存的核武器

自人类发明核武器以来,在核威慑的保护伞下,人类战争非但没有减少,反而增加了。自1950年以来,地球上发生过20次灭绝人性的大屠杀,超过100万人死亡。美苏冷战结束后,人类面临的核威胁变得更加严重。据数据统计,目前全世界有31000多枚核武器,只要千分之一被人滥用,就足以导致人类末日提早来临。

知识卡片

核武器

利用能自持进行核裂变或聚变反应释放的能量,产生爆炸作用,并具有大规模杀伤破坏效应的武器的总称。其中主要利用铀或钚等重原子核的裂变链式反应原理制成的裂变武器。

能量

物质运动的一种度量。对应于物质的各种运动形式,能量也有各种形式,彼此可以互相转换,但总量不变。热力学中的能量主要指热能和由热能转换而成的机械能。

十、原子弹

原子弹也称"裂变武器"，是利用易裂变重原子核链式反应瞬间释放出巨大能量起杀伤破坏作用的武器。它的主要由核装料构成的核部件、引爆控制系统、炸药部件、核点火部件和外壳等组成，威力为几百到几万吨梯恩梯当量。

引爆控制系统起爆炸药，推动、压缩中子反射层和核装料，使处于次临界状态的核装料瞬间达到超临界状态，由核点火部件适时提供中子，触发链式裂变反应，形成猛烈爆炸。战争魔头——原子弹。

1939年10月，美国政府决定研制原子弹，1945年制造出3颗。1颗用于试验，2颗投在日本。1945年8

原子弹爆炸

月 6 日投到广岛的原子弹，代号为"小男孩"，重约 4.1 吨，威力不到 20000 吨。同年 8 月 9 日投到长崎的原子弹，代号为"胖子"，重达 4.5 吨，威力约 20000 吨。

原子弹的类型

原子弹分为"枪式"和"收聚式"两神类型。

"枪式"原子弹把两块半球形的小于临界体积的裂物质分开一定距离放置，中子源位于中间。"收聚式"原子弹把普通烈性炸药制成球形装置，并把小于临界体积的核装药制成小球置于炸药球中。

现代原子弹综合了这两种引发机构，使核装药的利用率提高到 80% 左右，从而获得了极大的破坏力。

各国相继研制出原子弹

二战期间，科学家西拉德为防止德国人抢先造出原子弹，动员著名科学家爱因斯坦上书美国总统罗斯福，阐述了研制原子弹对美国安全的重

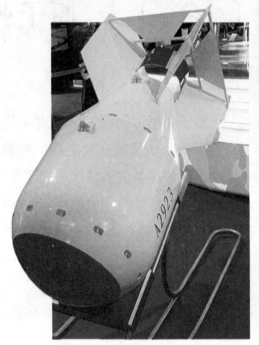

原子弹模型

要性。

1941 年 12 月 6 日（日本偷袭珍珠港的前一天），罗斯福才批准了美国科学研究发展局全力研制原子弹。

1942 年 8 月，美国制订了研制原子弹的"曼哈顿计划"。

1943 年 7 月，美国成立原子弹研究所。

1945 年 3 月，美国成立秘密的原子能委员会。

1945 年 7 月 16 日，在新墨西哥州的阿拉莫可德沙漠中进行了世界

上第一颗原子弹的爆炸试验。

1945年8月6日和9日，美国向日本广岛、长崎分别投放了原子弹。

1949年，苏联成功研制原子弹。英国、法国分别于1952年和1960年爆炸了自己研制的原子弹。1964年，中国也拥有了原子弹。

有史以来，人类第一次成功地模拟了恒星的燃烧方式。当第一颗原子弹被引爆的时候，300千米以外的人都看到了它炫目的光彩。这种光彩完全可以毁灭地球表面的一切生物。

原子弹曾以一声巨响干脆地结束了第二次世界大战，它同时促使人们进行全新的思索，自有人类文明史以来一直沿用的解决争端的办法已不能再继续下去。

这是一个严峻的考验，在一颗拥挤的脆弱的星球上，如果试图毁灭别人，也将毁灭自己。

知识卡片

原子弹

原子弹是核武器之一，是利用核反应的光热辐射、冲击波和感生放射性造成杀伤和破坏作用，以及造成大面积放射性污染，阻止对方军事行动以达到战略目的的大杀伤力武器。

恒星

恒星是由炽热气体组成的，是能自己发光的球状或类球状天体。由于恒星离我们太远，不借助于特殊工具和方法，很难发现它们在天上的位置变化，因此古代人把它们认为是固定不动的星体。我们所处的太阳系的主星太阳就是一颗恒星。

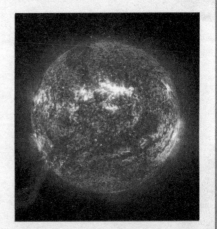

恒星——太阳

十一、口香糖

口香糖最早起源于美洲。那时，美洲的土著居民常把云杉树的汁液收集起来，晾干成块后，含在嘴里嚼，或者嚼一种名叫人心果树的树胶，这就是最原始的"口香糖"。这种口香糖只有植物本身的味道，并不香，也不甜。

1836 年，墨西哥将军桑塔·安纳在贾森托战役中被俘。战争结束后，他获得了自由。随后，他带着这种晒干了的人心果树胶来到了英国人亚当斯家里，想要和他一起研究试验，以此代替橡胶。

桑塔·安纳知道亚当斯有个调皮的儿子，便带来了一包人心果树胶，说是要送给他的儿子霍雷肖做礼

石蜡

口香糖

物。霍雷肖接过人心果树胶，看了半天，不知道这是干什么用的。

桑塔·安纳笑着取出一块人心果树胶，丢到嘴里嚼。霍雷肖也学着他的样子，把一块人心果树胶丢进了嘴里。霍雷肖嚼了半天也没嚼出什么味道，于是把人心果树胶吐了出来，说："一点也不好吃！"他的样子把父亲和客人都逗乐了。

这时，霍雷肖很认真地说："要是在里面加点糖或者什么巧克力之类，说不定味道还可以！"

桑塔·安纳离开后，亚当斯把剩下的人心果树胶扔进了杂物堆。他们关于橡胶的试验没有结果，安纳将军也因欠债而逃之夭夭。

有一次，亚当斯去药店买药，看见一个小女孩买了一块石蜡，然后放在嘴里，不停地嚼来嚼去。这时亚当斯忽然想起了上次来他家的安纳，心中不由得为之一动，他想到，如果用人心果树胶制成一种可以嚼的糖果，不是比石蜡更受人喜欢吗？

回到家中，他把自己的想法告诉

了儿子。霍雷肖一听就兴奋起来，两人去杂物堆里找来那包人心果树胶，埋头试制起来。亚当斯问儿子最喜欢吃什么味道。霍雷肖睁大眼睛想了半天，说："甜的！"于是他们往人心果树胶里掺了一些糖水，然后，再把树胶和糖水搅好，晾干，再给霍雷肖尝尝；直到霍雷肖满意为止。

父子俩给这种糖果取名为"口香糖"，并送了一些给邻居们，邻居们都觉得很好吃。这时亚当斯心想，既然大家都挺喜欢，那就生产出来，拿到市场上去卖吧。没想到，父子俩用人心果树胶生产出来的口香糖上市后竟供不应求。

但他们并不满足于初步的成功，又开始了进一步的研究。不久，他们又在树胶中添加了各种食用香料，研制出不同香型的口香糖。

第二次世界大战后，人们开始试验生产口香糖合成剂和合成树脂，并取得成功。

从此，口香糖受到亿万人的喜欢，风靡了全世界。

知识卡片

口香糖

口香糖是以天然树胶或甘油树脂为胶体的基础，加入糖浆、薄荷、甜味剂等调和压制而成的一种供人们放入口中嚼咬的糖。是很受世界人民喜爱的一种糖类。

树脂

人工合成的固体物质。一般用聚苯乙烯为材料，可用做阳离子交换剂、阴离子交换剂等。

树脂玩具

巧克力

十二、巧克力

第**6**章
其他类发明

可可树的果实在传入欧洲之前已被南美洲和中美洲的奥尔梅克印第安人食用了很长时间。奥尔梅克印第安人首次使用了"可可"这个词。玛雅印第安人进一步把可可树进行农业种植，并生产出一种可可饮料。阿兹特克印第安人相信，是他们的羽蛇神把可可豆赐予人类。阿兹特克人信奉可可豆，把它用于宗教仪式和作为神的礼物。可可是阿兹特克人日常生活的组成部分，被当做流通的货币使用。但只有贵族和勇士才能食用。

阿兹特克族的统治者蒙提祖玛和他的朝中官员每天要喝50罐被称为巧克力特尔的可可饮料。这种被视为万能药的珍贵饮料盛装于只用一次就被扔入湖中的金制高脚杯中。

美洲被发现后，西班牙著名探险家克尔斯特也带领了一支队伍到墨西哥探险。他们经过一个荒原时，又累又饿，实在走不动了，于是躺在地上休息。

可可豆

一个印第安人经过时看见他们，便从身上取出一些当地的可可豆，把可可豆碾碎后放入锅里加水煮开，最后放入一点胡椒粉，盛给队员们喝。队员们喝着这种奇怪的饮料，开始觉得又苦又辣，一点也不好喝。但过了一会儿，他们意外地发现：疲惫感减少了，人变得精神起来。

当他们把巧克力特尔带回西班牙后，饮料加甜的主意得到肯定，在加入了肉桂和香兰素等几种最新发现的香料后，这种饮料又经历了几次变化。最后，有人认为这种饮料加热会更好喝。后来，人们在煮饮料时突发奇想：这饮料要煮太麻烦了，要是能把它做成固体食品，吃的时候取一小块用开水一冲，或者直接放进嘴里就能吃，那该多好啊！

于是，经过反复试验，人们采用浓缩、烘干、加蜂蜜调制的办法，制成了固体状的可可饮料。由于可可饮料源于墨西哥的"巧克拉托鲁"，所以，人们又把固体状可可饮料叫做"巧克力特"。这就是原始的巧克力。

法国国王路易十三的王后是西班牙的公主。1612年，这位法国王后从娘家带回一袋西班牙特产——巧克力特。当时，路易十三身体欠安，精神萎靡不振。好奇的国王吃了一块巧克力特，也不知怎么回事，病居然好了，精神也提起来了。路易十三认定这是一种"珍贵的药品"，吩咐医生把巧克力特藏起来，只有王室成员生病时才能享用。

直到路易十四继位，他的外婆外公家里的人带来许多巧克力特向他祝贺。这时，法国人才弄明白巧克力特只是一种食品。

令人惊讶的是，西班牙人成功地把可可工艺向其他欧洲国家隐瞒了近一百年。直到 1763 年，一位英国商人窃取了制造巧克力特的秘方，巧克力特才进入英国。英国人还根据

本国人的口味，在配制原料中增加了牛奶、奶酪，于是奶油巧克力就诞生了。

知识卡片

巧克力

巧克力的主原料是可可豆，它的学名有"众神的饮料"之意，被视为贵重的强心、利尿的药剂，它对胃液中的蛋白质分解酵素具有活化性的作用，可帮助消化。

奶油巧克力

奶油

奶油或称淇淋、激凌、克林姆，是从牛奶、羊奶中提取的黄色或白色脂肪性半固体食品。它是由没有加工之前的生牛乳顶层的牛奶脂肪含量较高的一层制得的乳制品。

奶油巧克力饮料

图书在版编目（CIP）数据

图说富于启迪的技术发明 / 左玉河，李书源主编． —— 长春：
吉林出版集团有限责任公司，2012.4（2021.5重印）
（中华青少年科学文化博览丛书 / 李营主编．科学技术卷）

ISBN 978—7—5463—8840—3—03

Ⅰ．①图… Ⅱ．①左… ②李… Ⅲ．①科学技术－创造发明－
青年读物②科学技术－创造发明－少年读物Ⅳ．① N19—49

中国版本图书馆 CIP 数据核字（2012）第 053564 号

图说富于启迪的技术发明

作　　者／左玉河　李书源
责任编辑／张西琳　王　博
开　　本／710mm×1000 mm　1/16
印　　张／10
字　　数／150千字
版　　次／2012年4月第1版
印　　次／2021年5月第4次

出　　版／吉林出版集团股份有限公司（长春市福祉大路5788号龙腾国际A座）
发　　行／吉林音像出版社有限责任公司
地　　址／长春市福祉大路5788号龙腾国际A座13楼　　邮编：130117
印　　刷／三河市华晨印务有限公司

ISBN 978—7—5463—8840—3—03　　　定价／39.80元